● 新・情報/通信システム工学 ●
TKC-1

ディジタル回路

五島正裕

数理工学社

編者のことば

　「情報」は物質，エネルギーと共に今日の社会を支える3大基本要素である．20世紀後半から技術革新により社会の情報化が進み，今日では「情報化社会」といわれるように，社会や個人生活における情報の果たす役割，依存度は増大している．特に電子化されて処理・加工，蓄積・共有，伝達，提示や利用される情報は急伸しており，それら電子化情報を扱う新技術は社会変革，産業構造変革の原動力になっている．

　これらの核になるのがコンピュータ，情報通信ネットワーク，メディアの技術ということになる．

　20世紀半ばに生まれたコンピュータは当初の素子は真空管であったが，トランジスタ，LSI，超LSIとなり，高速大容量化を中心に長足の進歩を遂げてきている．今日ではスーパコンピュータ，大規模並列クラスタによるサーバコンピュータからパーソナルコンピュータ，さらにはあらゆる電子機器に組み込まれているマイクロコンピュータに至るまで，社会や我々の生活の隅々に浸透している．コンピュータではハードウェアと共に，基盤ソフトウェアおよび多彩な応用ソフトウェアの重要性が増してきている．

　情報通信の歴史は古いが，電話網はその主要な位置を占めてきており，近年では携帯電話が進展している．一方，コンピュータ間を繋ぐネットワークであるインターネットは，1969年の米国ARPAネットに起源をもつが，1990年代に入り急速に普及し，電子メールやWorld Wide Web（WWW）など，新しい形態のコミュニケーション，情報伝達・共有のグローバルな基盤になってきている．コンピュータに今やこのインターネット接続は不可欠であり，コンピュータとインターネットは融合しつつある．インターネットではデータを細切れの宛先付きパケットとしてルータを介して伝送するが，これは高い汎用性をもち，電話音声や映像もインターネットでの伝送が進行している．

　音声，画像，映像，そして3次元空間などのメディア情報の大部分もディジタル化されて，処理，加工，伝送，認識，生成等が行われる．そして，上記の

コンピュータやネットワークと結びつき,多彩に発展している.

 本ライブラリはこのようなコンピュータ,情報通信ネットワーク,メディアの基礎技術に関する教科書として,東京大学工学部電子情報工学科の教員を中心に一部理学部情報理学科の教員他に執筆を依頼し,構成したものである.実際の授業に則して理解しやすい記述にすることを旨とした.ここに記される技術項目はそれぞれの領域の基礎となるものであり,発展,進化を続ける技術を理解し,さらにはその発展に関わり新技術を産み出すのに役立てていただきたい.

　2007 年 5 月

編者　羽鳥光俊
青山友紀
石塚　満

「新・情報/通信システム工学」書目一覧	
1　ディジタル回路	8　ネットワーク工学
2　コンピュータアーキテクチャ	9　情報通信工学
3　データ構造とアルゴリズム	10　信号処理
4　プログラミング言語	11　コンピュータグラフィクス
5　オペレーティングシステム	12　システム工学の基礎
6　コンパイラ	13　機械学習
7　通信理論	

まえがき

■本書の目的■

みなさんの身の周りには電気で動く製品がたくさんあると思います．現在では，そのほとんどが，「情報」に関連するものになっています．

まず分かりやすいところでは，パーソナル・コンピュータ (PC) やゲーム機など，いわゆる「コンピュータ」の形をしているものがあります．プリンタ，ルータ，メモリ・カードなどのコンピュータの周辺機器もそうです．また，携帯電話や携帯ゲーム機，PDA (Personal Digital Assistant)，ポータブル・オーディオ・プレーヤ，デジカメやデジカム，「地デジ」対応テレビや DVD (Digital Versatile Disc) レコーダといった AV 機器など．名前に「**ディジタル (digital)**」と付いているものは，たいていそうです．

やや分かりにくいところでは，洗濯機や電子レンジ，エアコン，炊飯器など，「白物」と呼ばれる家電製品の多くにも，制御用としてコンピュータが組み込まれています．また，最近の自動車には，1台につき何十個もの制御用コンピュータが組み込まれています．Suica や PASMO などの IC カードにも，超小型のコンピュータが組み込まれています．

本書のテーマである「**ディジタル回路 (digital circuit)**」は，これらの情報に関連する機器の中にあって，まさに情報を扱っているものです．

その実体は **IC**（Integrated Circuit，**集積回路**）や **LSI**（Large-Scale Integration，**大規模集積回路**）——その表面にディジタル回路を集積した，数 cm 角～数 mm 角，あるいは，それ以下の，**半導体 (semiconductor)** の小片（チップ）です．

世界の半導体チップの出荷数は，年間 1 千億個を軽く超えています．単純に世界人口で割ってみても，一人当たり 15 個程度．そうとは気づかぬうちに，15 個程度の半導体チップを毎年新たに購入しているわけです．私たちの身の周りは，半導体チップであふれかえっています．

まえがき

　半導体チップは，このように身近にありふれたものであるにも関わらず，その上で動くディジタル回路が一体どんなものであるのかほとんど知られていません．「電気で動く」，「0，1で？　動く」など，極めて断片的な知識しかないのではないでしょうか？　ディジタル回路は，情報に関する機器の奥の奥にあって，音もなく働いています．たとえばコンピュータの扱いに長けた人であっても，その存在を意識することはほとんどないでしょう．これほど見事なブラック・ボックスはほかにないでしょう．

　それは，ユーザにとってはむしろ望ましいことです．しかし，「情報のプロ」を目指すみなさんにとっては，そうはいきません．本書の目的は，一言でいえば，このディジタル回路をブラック・ボックスにしないことにあります．

■本書の範囲■

　下図に，本書のカバー範囲と関連する科目との関係を示します．4年制大学の「情報」を冠する学科の標準的なカリキュラムにおいて，これらの科目は専門科目の中で最も基盤的なものであり，通常2年後期から3年前期に配当されます．

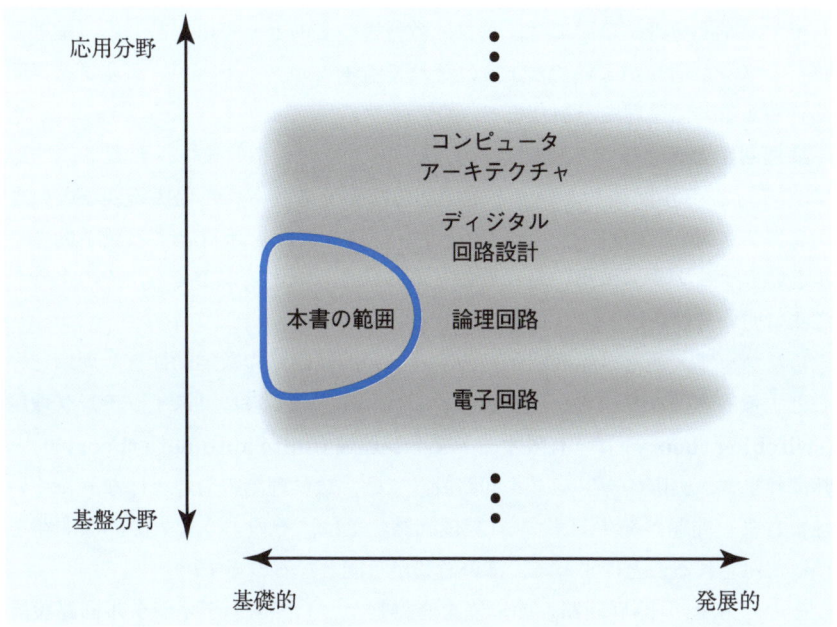

図　分野の関係と本書のカバー範囲

ディジタル回路に似た言葉に，**論理回路** (logic circuit) があります．科目としての「論理回路」，「ディジタル回路」は，「電子回路」と「コンピュータ・アーキテクチャ」の間に位置します：

- **電子回路**　ディジタル回路は通常，**電子回路** (electronic circuit) によって構成されます．したがって，「電子回路」を学ぶことによって，「論理回路」，「ディジタル回路」の理解が深まります．
- **コンピュータ・アーキテクチャ**　現在のコンピュータのほとんどは，ディジタル回路で構成された**ディジタル・コンピュータ** (digital computer) です．そのため，「**コンピュータ・アーキテクチャ**（または，**計算機アーキテクチャ**, computer architecture）」では，通常，ディジタル・コンピュータのしくみを学びます．したがって，「コンピュータ・アーキテクチャ」は，「論理回路」，「ディジタル回路」で学んだ知識を前提としています．

■ **論理回路とディジタル回路** ■

本書は，「電子回路」と「コンピュータ・アーキテクチャ」の間に位置する，半期の講義の教科書としてデザインしました．位置的には，「論理回路」と同じです．学問分野，ひいては，科目，教科書の名前としては，むしろ「論理回路」のほうが通りがよいでしょう．それでも本書のタイトルが「ディジタル回路」であるのには理由があります．

論理回路とディジタル回路は，実際上同じものを指します．ただし，一般に，「ディジタル回路」というと電子回路などで構成された現実の回路というニュアンスで，「論理回路」というとディジタル回路を題材とする数学的モデルというニュアンスで用いられることが多いようです．本書でも，そのような意味で使い分けることにします．

したがって，通常「論理回路」の講義は，論理回路の数学的性質，理論を中心とする内容になります．「論理回路」の理論的な内容は，「**スイッチング理論** (switching theory)」，「**有限オートマトン理論** (finite automata theory)」と呼ばれます．実際のディジタル回路設計では，数学理論の対象とはなりにくいさまざまな問題が発生します．「論理回路」では，そのような実際的な問題をいったん忘れることによって，深い考察が可能となるのです．

その一方で，「論理回路」の単位を修得したとしても，**ディジタル回路設計** (digital design) が可能になるわけではありません．ディジタル回路設計では，

「論理回路」ではいったん忘れてしまった諸問題がやはり重要になるのです．情報学の標準的なカリキュラムでは講義と並行して学生実験を行うことが普通ですが，そのような諸問題は実験の指導書によってカバーされていることも多いようです．

そのため本書は，本書一冊だけで簡単なディジタル回路設計ができるようになることを目標としました．v 頁の図に示したように，「論理回路」の部分は最小限に留め，電子回路，ディジタル回路設計についても触れることにします．

本書を読んで，論理回路の理論的側面に興味を持たれた方は「論理回路」と銘打った教科書[1,5,8]を，ディジタル回路設計のより高度な技術を必要とする方は「ディジタル回路」，「ディジタル回路設計」と銘打った教科書[3,4,7]を，それぞれ参考にしてください．

2007 年 10 月

五島正裕

本書で使用している会社名，製品名は各社の登録商標または商標です．
本書では，®と™は明記しておりません．

本書の章末問題の解答などはサイエンス社・数理工学社のサポートページに掲載する予定です．

目　　次

第1章　はじめに　　1
1.1　アナログとディジタル　　2
1.1.1　情報の記録・伝送におけるアナログとディジタル　　2
1.1.2　情報の処理におけるアナログとディジタル　　5
1.2　論理回路と論理ゲート　　8
コラム　MIL記号　　9

第2章　ブール代数　　13
2.1　論理式　　14
2.2　ブール代数　　16
2.2.1　ブール代数とは　　16
2.2.2　ブール代数の基礎的な性質　　18
2.3　ブール代数と論理ゲート　　20
コラム　XORとOR　　24
2.4　論理関数　　25
2.5　完全性　　28
2.5.1　完全集合　　28
2.5.2　完全性の証明　　28
2.5.3　ブール微分　　31
2章の問題　　32

第3章　組み合わせ回路　　33
3.1　導入問題　　34

3.2 標準形 ··· 37
 3.2.1 用語の定義 ·· 37
 3.2.2 積和標準形 ·· 38
 3.2.3 和積標準形 ·· 40
3.3 ハイパキューブ ··· 42
[コラム] ハミング距離とハイパキューブ ································ 44
3.4 カルノー図 ··· 45
[コラム] グレイ符号 ·· 46
[コラム] クワイン－マクラスキー法 ······································ 50
3章の問題 ·· 51

第4章 順序回路　　　53

4.1 導入問題 ·· 54
[コラム] ミーリー・マシンとムーア・マシン ···························· 57
4.2 有限オートマトン ··· 59
[コラム] 言語理論 ··· 59
4.3 状態機械の最小化 ··· 60
4.4 状態割り当て ··· 63
4章の問題 ·· 65

第5章 ロジックの構成　　　67

5.1 はじめに ·· 68
[コラム] リレー式計算機 ··· 71
[コラム] 流体式計算機 ··· 75
5.2 半導体 ··· 76
[コラム] シリコンとシリコーン ··· 76
5.3 MOS ·· 78
[コラム] MOSという名前 ··· 80
5.4 CMOS ·· 81
5章の問題 ·· 85

第 6 章　CMOS　　　　　　　　　　　　　　　　　　　　　87

6.1　複合ゲート ………………………………………………… 88

6.2　パス・ゲート ………………………………………………… 90

6.3　バ　　　ス ………………………………………………… 91

6.4　ダイナミック・ロジック ………………………………………………… 95

6 章の問題 ………………………………………………… 98

第 7 章　機能的な組み合わせ回路　　　　　　　　　　　　　99

7.1　は じ め に ………………………………………………… 100

コラム　74 シリーズ ………………………………………………… 100

7.2　符　　　号 ………………………………………………… 101

コラム　BCD ………………………………………………… 102

7.3　データ線と制御線 ………………………………………………… 103

7.4　セ レ ク タ ………………………………………………… 104

　7.4.1　2-to-1 セレクタ ………………………………………………… 104

　7.4.2　多入力セレクタ ………………………………………………… 106

　7.4.3　セレクタとネットワーク ………………………………………………… 109

　7.4.4　論理回路の完全性とセレクタ ………………………………………………… 110

7.5　デ コ ー ダ ………………………………………………… 112

コラム　カスケード ………………………………………………… 114

7.6　エンコーダ ………………………………………………… 115

7 章の問題 ………………………………………………… 117

第 8 章　順序回路の実現　　　　　　　　　　　　　　　　119

8.1　記 憶 素 子 ………………………………………………… 120

コラム　リング発振器 ………………………………………………… 123

8.2　同期式順序回路 ………………………………………………… 124

8.3　ラッチとフリップ・フロップ ………………………………………………… 125

コラム　そのほかのフリップ・フロップ ………………………………………………… 130

8.4　クロッキング方式 ………………………………………………… 131

8.4.1　ロジックの遅延……………………………………131
　　　8.4.2　ラッチとフリップ・フロップのタイミング制約………133
　　　8.4.3　クロック・スキュー……………………………………134
　　　8.4.4　クロッキング方式………………………………………134
　　　8.4.5　フリップ・フロップ・システムのタイミング制約………137
　8.5　同　期　化………………………………………………………139
　8.6　初期化とリセット…………………………………………………141
　コラム　学生実験とリセット…………………………………………143
　8.7　非同期式順序回路………………………………………………144
　8章の問題……………………………………………………………146

第9章　機能的な順序回路　　147

　9.1　レジスタ……………………………………………………………148
　コラム　省電力とクロック・ゲーティング……………………………149
　9.2　レジスタ・ファイル………………………………………………150
　9.3　カウンタ……………………………………………………………153
　9.4　シフト・レジスタ…………………………………………………154
　コラム　シリアル伝送…………………………………………………157
　9.5　FIFO メモリ………………………………………………………157
　　　9.5.1　キュー，スタック，デク………………………………157
　　　9.5.2　FIFO メモリによるバッファ……………………………158
　コラム　FIFO……………………………………………………………158
　　　9.5.3　FIFO メモリの構成………………………………………159
　コラム　バッファ………………………………………………………159
　9.6　一致比較器付きレジスタ…………………………………………163
　9章の問題……………………………………………………………164

第10章 演算回路　　165

- 10.1 補　数 …… 166
- 10.2 補数の加算 …… 169
- 10.3 補数のシフト …… 173
- [コラム] 二進数とプログラミング …… 175
- 10.4 ア ダ ー …… 176
- 10.5 ALU …… 183
- 10.6 シ フ タ …… 186
- 10章の問題 …… 188

第11章 メ モ リ　　189

- 11.1 分　類 …… 190
- [コラム] 速度と容量 …… 191
- 11.2 RAM …… 192
  - 11.2.1 SRAM …… 192
  - 11.2.2 DRAM …… 195
- 11.3 ROM …… 198
  - 11.3.1 ROMの分類 …… 198
  - 11.3.2 フラッシュ・メモリ …… 199
- 11章の問題 …… 204

おわりに　　205

参考文献　　207

索　引　　208

1 はじめに

本書は，書名の通り，ディジタル回路について述べるものです．ディジタルとは何かを理解するためには，アナログとの比較が必須です．

1.1 節では，アナログとディジタルについて説明します．

また 1.2 節では，次章から述べる論理回路がどのようなものであるか紹介します．

> **1 章で学ぶ概念・キーワード**
> - アナログ
> - ディジタル
> - 論理回路
> - 論理ゲート

1.1 アナログとディジタル

まえがきでも述べたように，現在，みなさんの身の周りには，「情報」に関連する機器がたくさんあると思います．これらの情報に関連する機器においてまさに情報を扱う部分は，ほとんど例外なく，電気で動く電気回路，電子回路でできています．情報を扱うこれらの回路は，**アナログ回路** (analog circuit) と**ディジタル回路** (digital circuit) に分けられます．

■ **アナログとディジタル** ■

これらの情報機器においては，何らかの「モノ」によって情報を表現する必要があります．情報を表現するものは**媒体**と呼ばれます．媒体は，英語では **medium**，その複数形は **media**——メディアです．メディアといえば，広義には，テレビ，新聞，雑誌などのいわゆるマス・メディアも含まれます．しかし本書の範囲内では，CD や DVD，ハード・ディスク，メモリ・カードなどの記録メディア，電波やケーブルなどの伝送メディアといった，「モノ」を想定してください．先ほどから出てきている，情報を処理する電気・電子回路も，その意味でメディア——媒体の 1 種になります．

情報は，媒体の持つ物理量によって表現されます．CD や DVD ではレーザの反射率，電波では振幅や位相，ハード・ディスクのような磁気ディスクでは磁界強度，電気・電子回路では電流や電圧によって表されます．

アナログ (analog)，**ディジタル** (digital) とは，媒体の持つ物理量とそれによって表現される値を写像する——つまり，対応付ける方式です．それぞれ，以下のように写像されます：

- **アナログ** 媒体の持つ連続的な物理量を連続的な値に写像する．
- **ディジタル** 媒体の持つ連続的な物理量を離散化し，離散的な値に写像する．

この違いについて，以下で詳しく説明します．

1.1.1 情報の記録・伝送におけるアナログとディジタル

情報の処理は，記録・伝送と，それ以外の狭義の処理に分けることができます．「ディジタルはアナログよりよい」という説明をよくみかけますが，その多くは情報の記録・伝送におけるメリットの説明になっています．

■ **アナログ記録・伝送** ■

アナログ記録・伝送を説明するために，次のような実験を考えてみましょ

う．紙切れに塗られた色を媒体として，入力信号を記録・伝送してみます．図1.1（上）に示すようなカラー・チャート（白黒ですが）を用いれば，0以上10未満の入力値をアナログ記録・伝送することができます．

このカラー・チャートでは，左端の 0.0 が黒，右端の 10.0 が白になっていて，その間がグラデーションに――つまり，色が連続的に変化しています．色という物理量とそれによって表される値が連続的に変化しているので，これはアナログというわけです．図 1.2 (a) に，その写像の様子を示します．

このチャートを用いて，たとえば 3.14… という値を記録・伝送するには，カラー・チャートの 3.14… に当たるところと同じになるように，紙切れに色を塗ります．後で元の値を読み取るには，同じカラー・チャートを用いて，紙切れと同じ色のところの目盛りを読めば OK です．このとき，自分で読み取るならこの紙切れの色として情報を記録しておいたことになりますし，ほかの人が読み取るなら紙切れの色によって情報を伝達したことになります．

しかし，この方法がそんなにうまくはいかないことはご想像の通りです．色がほんの少しでもずれてしまったらどうでしょう？　元の値が何だったか，もう誰にも分かりません．このような誤差は，記録・伝送の各段階で生じます．まず，正確に 3.14… になるように色を塗ること，正確に 3.14… を読み取ることは難しそうです．また，長い間置いておくと，色は褪せてしまいます，つまり，経年劣化が生じます．このように記録・伝送のたびに少しずつ誤差が生じるので，コピーをとっていくと，子コピー，孫コピーとだんだん情報が劣化してしまいます．

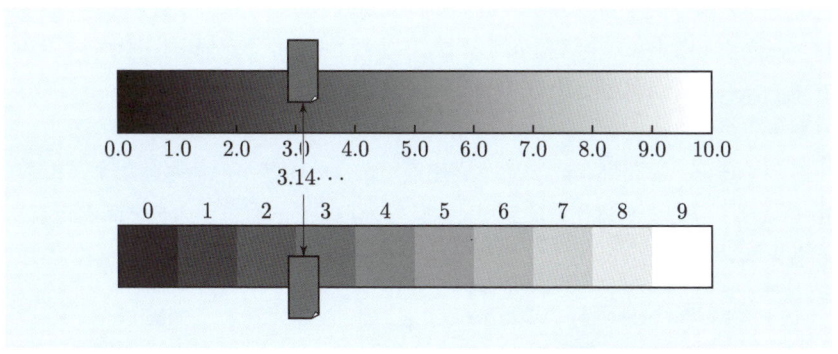

図 1.1　カラー・チャート(アナログ用（上）とディジタル用（下）)

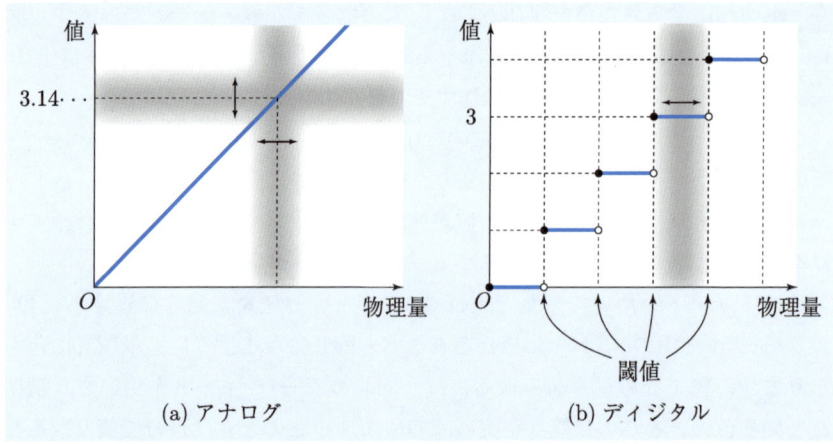

図 1.2 物理量と値の写像

■ ディジタル記録・伝送 ■

　これに対してディジタルでは，図 1.1（下）のようなカラー・チャートを用います．下のカラー・チャートでは，色の濃さが 0～9 の 10 段階に離散化されています．もともと色は連続量ですが，そのうちの離散的な 10 色のみを用い，0～9 の離散的な値を表現するので，これはディジタルというわけです．図 1.2 (b) に，その写像の様子を示します．図 1.2 (a) に示したアナログの写像と比べてみてください．同図中に示したように，表現する値が変化するところの物理量を**閾値**（しきいち[1]，**threshold**）といいます．

　0～9 の離散的な値を表現するため，本当は 3.14… である値をそのまま記録・伝送することはできません．そこで，「およそ」3 を記録・伝送することにして，紙切れを 3 の濃さに塗ります．0.14… の誤差が生じますが，それはとりあえずあきらめます．

　こうすると，先に述べたアナログ記録・伝送の困難が解消されます．まず，10 色に塗り分けるのは比較的簡単です．読み取るときにほかの色と間違えることも少ないでしょう．塗った色がちょっとくらい変わってしまったとしても，

---

[1] 医学，生物学の分野では，知覚できるぎりぎりの物理量のことを，「閾値」と書いて「いきち」と読みます．辞書などによっては載っていなことも多いのですが，本書の分野では「しきいち」と読むのが普通です．

元の色が 10 色のうちどれだったか推測することもできます．そのため，子コピー，孫コピーとだんだん情報が劣化していくということもありません．色が変わりそうだったら，まだ元の色が分かるうちにコピーすれば，永遠に元の情報を保持し続けることができます．

このようなアナログとディジタルの違いは，図 1.2 に示した写像の様子を用いると，以下のように説明することができます．図中，グレーの範囲で示した分だけ，媒体の物理量が変化したとします．アナログでは，物理量——先の例では，色の濃さ——の変化は，表現する値に直接影響します．それに対してディジタルでは，物理量が少々変化しても表現する値は変わりません．

ここまでは 0.14… の誤差はあきらめると書きましたが，実際にはこの誤差はもっと減らすこともできます．1 桁ずつ記録・伝送すればよいのです．たとえば上の例で小数点以下 1 桁まで記録・伝送することにすると，3.14… の 3 を記録・伝送した後で，あらためて 1 を記録・伝送すれば，誤差を 0.04… まで減らすことができます．

入力信号を離散的な値へと変換することを**量子化** (quantization) といい，このとき生じる誤差を**量子化誤差** (quantization error) といいます．先の例で，小数点以下 1 桁まで記録・伝送することにすると，入力信号は 0.0 ～ 9.9 までの 100 個の値に量子化されます．3.14… は 3.1 に変換され，量子化誤差は 0.04… となります．

つまり，ディジタルとは，量子化誤差が生じることは受け入れて，それ以外の部分をより確実に記録・伝送する方法ということができます．

より正確なところは，「ディジタル伝送」，「ディジタル信号処理」関係の書籍で勉強してください．

1.1.2 情報の処理におけるアナログとディジタル

ここまでで，情報の記録・伝送におけるディジタルのメリットについて説明しました．でもこれだけでは，ディジタルのメリットを説明し尽くしているとはいえません．ディジタルのメリットは情報の処理においても発揮されます．

情報の処理におけるディジタルのメリットは，一言でいえば，それを実現するディジタル回路の設計の容易さにあります．ディジタル回路は，設計の方法が確立されています．本書の内容を一通り理解すれば，ディジタル回路は誰にでも設計することができます．一方アナログ回路設計には，いわゆるセンスが

必要で，誰でもできるというようなものではありません．

　設計が容易とは，また，それだけ複雑な回路も設計できるということを意味します．今日のディジタル回路は，非常に複雑な処理を行っています．動画や楽曲などの圧縮がよい例です．最近の圧縮技術では，画質，音質を大きく落とすことなく，データの量を何十分の一にもすることができます．このような処理は，アナログではどうやったらよいか想像もつきません．

　また，近年のディジタルの隆盛は，**ディジタル・コンピュータ (digital computer)** の普及を抜きには語れません．今日，単にコンピュータといえば，ディジタル回路で構成されたディジタル・コンピュータを指します．このディジタル・コンピュータによってはじめて，情報処理にソフトウェアの概念が導入されたといえます．ソフトウェアの設計は，ディジタル回路の設計よりさらに容易です．コンピュータというハードウェアと，ソフトウェアとの組み合わせにより，いっそう複雑な処理が可能になるのです．

　ディジタル・コンピュータは，ディジタル処理に長けている，というよりアナログ・データを直接処理することができません．そのため，ディジタル・コンピュータの普及は，データのディジタル化を促します．さまざまなデータがディジタル化されると，ディジタル・コンピュータの働く機会がますます増えることになります．

　ディジタルのよさは，このような「ディジタル・ワールド」を構築できるところにあるといえるでしょう．アナログでは，これと同様の「アナログ・ワールド」を構築することはできません．

■アナログ回路とディジタル回路■

　このように，アナログに対するディジタルの優位性は揺るぎないものです．それでは，情報を処理する回路がすべてディジタルになるかというとそうではありません．

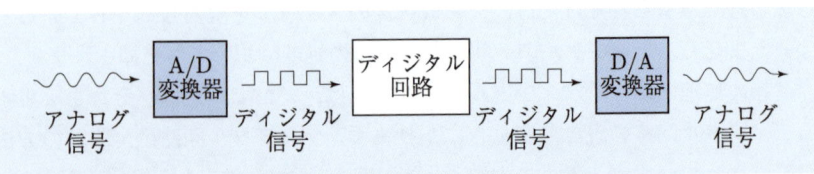

図 1.3　アナログ回路とディジタル回路

まず，ディジタル回路は通常，所定の電圧を供給できる直流電源を必要とします．コンセントや電池から一定電圧を作る回路はアナログ回路です．

また，現実世界はアナログなので，ごく単純な場合を除いて，ディジタル回路は現実世界と直接インタフェースを持つことができません．現実世界とインタフェースを持つには，**A/D 変換器 (A/D converter)**，**D/A 変換器 (D/A converter)** によって信号を変換する必要があります．これらの変換器自体は，アナログ回路です．

近年では，有線，無線通信のディジタル化，高速化に従い，アナログ回路の重要性はむしろ増しています．逆説的ですが，高速なディジタル伝送を行う回路は，ディジタル回路ではなく，アナログ回路になります．ディジタル信号は，そのままでは高速に伝送することが困難です．高速に伝送するために，変調というアナログ的な操作を行います．そのため，高速なディジタル伝送回路はアナログ回路になるのです．

このように，情報機器には，必ずといっていいほど，アナログ回路とディジタル回路の両方が入っています．現在の情報機器にとって，アナログ回路とディジタル回路は両輪といってよいでしょう．

■ディジタル回路と論理回路■

ディジタル回路と似た言葉に論理回路があります．まえがきで述べたように，論理回路はディジタル回路設計の理論的基盤を与え，ディジタル回路はその実際的な側面を担います．本書でも，次節から 4 章までは論理回路としての理論的基盤について述べ，ディジタル回路設計については 5 章以降で改めて述べることにします．

1.2 論理回路と論理ゲート

論理回路は，図 1.4 のような**論理回路図** (logic circuit diagram) で表すことができます．一見すると，電気回路，電子回路の回路図と同じようにみえますが，図中破線で囲んだような見慣れない回路**図記号**——**シンボル** (symbol) があります．これらは，**論理ゲート** (logic gate) といい，論理回路の基本的な構成要素になります．論理回路は，図 1.4 のように，論理ゲートを**配線** (wire)，**信号線** (signal line) でつないだものです．

実は，あらゆる論理回路は，これら 3 種類の論理ゲートと配線だけで作ることができます．2007 年現在，コンピュータのプロセッサに集積されているトランジスタは，論理ゲートに換算すると数億個にもなります．このような巨大な回路であっても（原理的には）これら 3 種類のゲートを適切に並べて適切につなげば設計することができるのです．前節で論理回路の設計は簡単だと述べましたが，この性質がその大きな理由の 1 つになっています．

論理回路の信号線に流れる**信号** (signal) は，**論理値** (logical value) といい，1，0，いずれかの値をとります．論理値を扱う回路なので「論理回路」というわけです．

論理値は，**数理論理学** (mathematical logic)，**記号論理学** (symbolic logic) の用語です．論理値はまた，**真理値**，もしくは，**真偽値** (truth value) ともいわれ，**真** (true, T)，**偽** (false, F)，いずれかの値をとります．論理回路では，通常，それぞれを 1，0 で表すのです．したがって，この場合の 1，0 とは，論理値を表す記号であって，数字ではありません．

3 種類のゲートは，それぞれ，「かつ (AND)」，「または (OR)」，「〜でない

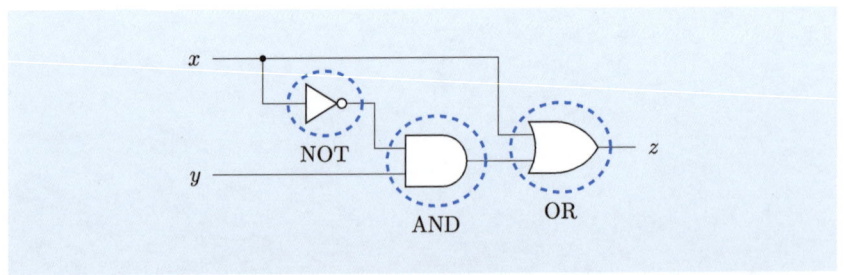

図 1.4　論理回路の例

(NOT)」のはたらきを持っています．より正確にいうと，以下のようになります：

それぞれのゲートは，1つ以上の入力と1つの出力を持っています．記号の左側の配線が入力，右側の配線が出力です．それぞれのゲートは，入力に対してそれぞれ以下の**論理演算** (logical operation) を行い，その結果を出力とします：

- **AND**　論理積 (logical product)
  すべての入力が 1 なら，出力は 1．そうでなければ，0．
- **OR**　論理和 (logical sum)
  いずれかの入力が 1 なら，出力は 1．そうでなければ，0．
- **NOT**　論理否定 (logical negation)
  入力が 0 なら，出力は 1．そうでなければ 0．

回路の例

3 章以降の内容を先取りして，ここで，1 桁の二進数の加算を行う回路を設計してみましょう．図 1.5 (a) に，加算の様子を示します．2 つの入力 a, b の 0/1 を，そのまま 1 桁の二進数とみなします．出力は，$1+1$ のとき 2 桁になります．その 1 桁目を s，2 桁目を c としましょう．

☕ MIL 記号

図 1.4 などに用いられている回路図記号は，米軍仕様 (military specification, MIL) のために策定されたもので，**MIL 記号** (**MIL symbol**) と呼ばれています．これらの記号，非常によくできたデザインだと思いませんか？　本当の仕様では図形の縦横比や。の大きさまで厳密に定められており，その通りに描くのが最も美しいと感じます．

MIL のほかにも JIS が定めた記号もあります．しかし JIS の記号は，四角の中に "&" とか "≥ 1" とか書いたもので，MIL 記号のように視覚に訴えるものではありません．

そのせいということはないでしょうが，MIL 記号は，米軍とは関係ないところでも広く使われており，**デファクト・スタンダード**（**de facto standard**, 事実上の標準）の地位を確立しています．

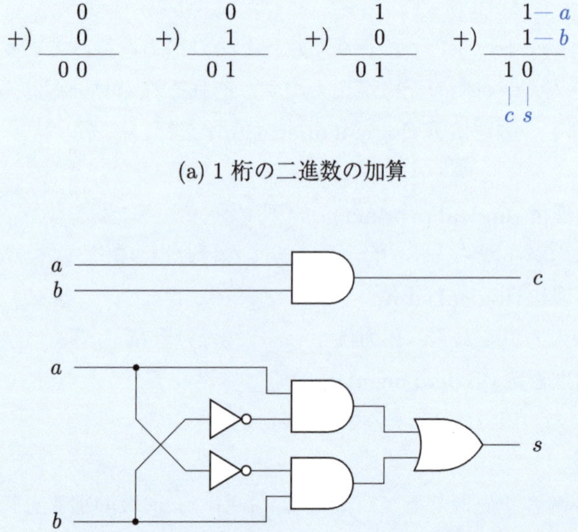

```
       0        0        1       1— a
   +)  0    +)  1    +)  0    +) 1— b
      ‾‾‾      ‾‾‾      ‾‾‾      ‾‾‾
      0 0      0 1      0 1      1 0
                                 | |
                                 c s
```

(a) 1桁の二進数の加算

(b) 1桁の二進数の加算を行う回路 (ハーフ・アダー)

図 1.5　1桁の二進数の加算を行う回路

2桁目，c のほうが簡単なので，先に c について考えましょう．c は，1＋1 のときのみ 1 になります．c は，「a が 1，かつ，b が 1」のとき 1 です．これは，先に述べた AND ゲートの定義そのものですから，図 1.5 (b)（上）に示すように，c は AND ゲート 1 個で作ることができます．

次に 1 桁目，s について考えましょう．s は，0＋1 か 1＋0 のとき 1，それ以外のときには 0 になります．s は，「(a が 1 かつ (b が 1 でない)) または ((a が 1 でない) かつ b が 1)」のとき 1 です．以上から，図 1.5 (b)（下）のような回路が得られます．

■論理回路の性能■

論理回路の基本的な性能は，その遅延とサイズによって測ることができます．

遅延 (delay) とは，より正確には，**伝搬遅延時間** (propagation delay time)，あるいは，**遅延時間** (delay time) といい，入力の変化が出力まで伝搬する時間，つまり，入力が変化してから出力が変化するまでの時間を意味しま

す．回路の遅延が短くなれば，それだけ LSI を高速に動作させることができます．入力から出力までのゲートの段数を減らすことができれば，遅延は直接的に短縮されます．

　最も一般的な半導体 LSI の場合，回路は半導体基板上の一定の面積を占めます．したがって半導体 LSI における回路のサイズは，その回路が占める半導体基板上の面積——**回路面積 (circuit area)** によって測ることができます．回路面積が減少すると，それだけ LSI の値段を下げることができます．ゲートの個数を減らすことができれば，回路面積を直接的に削減することができます．

　結局，よい論理回路とは，ゲートの個数，段数が少ない，「小さい」回路ということになります．次章から述べる内容は，最終的には，このような「小さい」回路を得るためにはどうしたらよいかということにつながるものです．

2 ブール代数

本章では，主にブール代数について述べます．ブール代数は，簡単にいえば 0，1 を扱う代数学で，論理回路を取り扱う上での理論的な基盤を与えます．

> **2 章で学ぶ概念・キーワード**
> - ブール代数
> - 論理式
> - 論理関数
> - 完全性

2.1 論理式

前章で述べたように，論理回路は，論理回路図で表すことができますが，いちいち図を描いていたのでは大変です．論理回路図と同じものを**論理式** (logical expression) という式でも表すことができます．図 1.4 の論理回路図は，論理式では

$$z = x + x' \cdot y$$

と表すことができます．

この式の中の "x", "y", "z" のような変数は，**論理変数** (logical variable) といい，論理回路図における配線に相当します．論理変数は，論理値，すなわち，0, 1 の 2 つの値のいずれかをとります．

同じく，式の中の "+", "・", "′" などの演算子は，特に**論理演算子** (logical operator) といい，論理回路図における論理ゲートに相当します．

なお，論理演算に対して，普通の四則演算，すなわち，加減乗除算は，**算術演算** (arithmetic operation) といいます．

論理積と論理和は，算術の積（乗算），和（加算）に似たところがあります．そこで，下記のように，論理式においても，算術の積と和に似た記述になっています．

■ 論理演算子 ■

前節で述べた，論理積，論理和，論理否定は，論理式では以下のように表します[1]：

> **論理演算子**
> - **論理積**　2 つの論理変数 x, y の論理積 z は，次のように書きます：
> $$z = x \cdot y$$
> - **論理和**　2 つの論理変数 x, y の論理和 z は，次のように書きます：
> $$z = x + y$$
> - **論理否定**　論理変数 x の論理否定 z は，次のように書きます[2]：
> $$z = x'$$

---

[1] どのような記号を使うかは分野によって異なります．たとえば数理論理学では，"∨", "∧", "¬" を用います．

[2] 論理和，論理積とは異なり，論理否定の書き方にはいくつかの流儀があります．$\bar{x}$ がより一般的ですが，本書ではより簡便な x' を用いることにします．

2.1 論理式

■ **演算子順位(計算の順序)**

式の中の演算の順序も,算術と同じになるように決められています.論理積,論理和は,算術積,和の場合と同様に,積を先に計算します.つまり,

$$x + x' \cdot y = x + (x' \cdot y)$$

という意味になります.論理和のほうを先に計算したければ,

$$(x + x') \cdot y$$

と,( ) を用いて明示的に計算順序を入れ替える必要があります.

また,算術積の場合と同様に,紛らわしくない場合には,"·"を省略して,

$$z = x + x'y$$

と書くことにします.

同様に,論理否定を表す " ′ " は,直前の変数にのみ作用します.つまり,xy' とあれば,それは,$x(y')$ と同じ意味になります.xy に " ′ " を作用させたい場合には,( ) を用いて,$(xy)'$ と書きます.2.2.2 で述べますが,

$$(xy)' \neq x'y'$$

であることに注意してください.

$$(xy)' = x' + y'$$

になります.

2.2 ブール代数

ブール代数 (Boolean algebra) とは，ジョージ・ブール (George Bool) が19世紀中頃に考案した風変わりな数学です．論理回路の多くの部分は，2元のブール代数の枠内で扱うことができます．時間的な順序関係からいっても論理回路のために考案されたわけはないのですが，論理回路設計にブール代数は必須の知識となっています．

2.2.1 ブール代数とは

■ ブール代数の公理 ■

表 2.1 (a) にブール代数の公理系を示します．集合 B の元 (element, 要素) に対する 2 つの演算，"$\cdot$"，"$+$" を定義し，それらが表 2.1 (a) の公理をすべて満たすなら，それはブール代数です．

表中にも書きましたが，$\forall x, x \in B$ に対して，$x \cdot 1 = x$ となる B の要素 1 を**単位元** (unit element)，$x + 0 = x$ となる B の要素 0 を**零元** (zero element) といいます．また，$x \cdot x' = 0$ かつ $x + x' = 1$ となる要素 x' を x の**補元** (complement) といいます．"$\prime$" を，補元を求める演算と考えてもよいでしょう．

■ ブール代数の例と 2 元ブール代数 ■

表 2.1 (a)，表 2.1 (b) をみると，前章で述べた論理演算そのものであるかのようにみえます．しかし，ブール代数 = 論理演算ではありません．表 2.1 (a) に示した公理を満たすものは，すべてブール代数です．

たとえば，以下のような集合演算もブール代数です：

- **集合 B**：集合 U のべき集合．たとえば，$U = \{1, 2, 3\}$ のべき集合は，$\{\{\}, \{1\}, \{2\}, \{3\}, \{1,2\}, \{2,3\}, \{3,1\}, \{1,2,3\}\}$
- **単位元**：全集合 U．上の例の場合，$U = \{1, 2, 3\}$．
- **零　元**：空集合 $\{\}$．
- "$\cdot$"：積集合演算．たとえば，$\{1,2\} \cdot \{2,3\} = \{2\}$．
- "$+$"：和集合演算．たとえば，$\{1,2\} + \{2,3\} = \{1,2,3\}$．
- "$\prime$"：補集合演算．たとえば，$\{1,2\}' = \{3\}$．

このような集合演算が，表 2.1 (a) の公理を満たすことを確かめてみてください．

前章で述べた論理演算は，0 と 1 の 2 元のブール代数になります．集合演算の場合と同様に書くと，次のようになります：

2.2 ブール代数

表 2.1　ブール代数の公理と定理

(a) ブール代数の公理

交換則	$x \cdot y = y \cdot x$ $x + y = y + x$
結合則	$x \cdot (y \cdot z) = (x \cdot y) \cdot z$ $x + (y + z) = (x + y) + z$
分配則	$x \cdot (y + z) = (x \cdot y) + (x \cdot z)$ $x + (y \cdot z) = (x + y) \cdot (x + z)$
単位元 零元	$x \cdot 1 = x$ となる単位元 1 が存在する. $x + 0 = x$ となる零元 0 が存在する.
補元	$x \cdot x' = 0$ $x + x' = 1$ となる補元 x' が存在する.

(b) ブール代数の主な定理

対合則	$(x')' = x$
べき等則	$x \cdot x = x$ $x + x = x$
吸収則 1	$x \cdot (x + y) = x$ $x + (x \cdot y) = x$
吸収則 2	$x \cdot (x' + y) = x \cdot y$ $x + (x' \cdot y) = x + y$
ド・モルガンの法則	$(x \cdot y)' = x' + y'$ $(x + y)' = x' \cdot y'$

- 集合 B：$\{0, 1\}$.
- 単位元：1.
- 零　元：0.
- "・"　：論理積．$0 \cdot 0 = 0$, $0 \cdot 1 = 0$, $1 \cdot 0 = 0$, $1 \cdot 1 = 1$.
- "+"　：論理和．$0 + 0 = 0$, $0 + 1 = 1$, $1 + 0 = 1$, $1 + 1 = 1$.
- " ′ "　：論理否定．$0' = 1$, $1' = 0$.

0, 1 に対する算術積，算術和の場合とほとんど同じにみえますが，$1 + 1$ が 2 でなく 1 であることだけが違います．

このように，厳密にいえば，ブール代数 = 論理演算ではありませんが，論理

演算の意味で「ブール代数」ということも多いようです．特に，**ブール変数** (**Boolean variable**) というと，「ブール代数における変数」ではなく，(0, 1 の 2 値の) 論理変数の別名を指すことが多いです．

以下では特に，論理演算を例にブール代数の性質について述べますが，論理演算以外にも簡単に応用することができます．

2.2.2　ブール代数の基礎的な性質

表 2.1 (a) に示したブール代数の公理系は，一見すると算術乗算，加算とあまり変わりないようにみえます．実際，交換則と結合則，単位元と零元に関しては，算術乗算，加算と全く同じです．

結合則が成立するということは，$x(yz)$ や $x + (y + z)$ と書くときに，xyz や $x + y + z$ と書いてよいということです．さらに，交換則が成立するということは，xyz や $x + y + z$ と書くときに，変数の順番を気にする必要はないということです．このことは，算術乗算，加算と変わりありません．ちなみに，算術減算，除算では，結合則，交換則は成り立ちません．

算術乗算，加算と異なるのは，以下の点です：

- "$+$" が分配する．

  算術演算では，"$\cdot$" では分配則が成り立ちますが，"$+$" では分配則が成り立ちません．つまり，算術演算では，$x \cdot (y + z) = x \cdot y + x \cdot z$ は成立しますが，$x + (y \cdot z) = (x + y) \cdot (x + z)$ は**成立しません**．ブール代数では，どちらも成立します．

- 補元が存在する．

  補元は，逆元 x^{-1} と似ていますが，異なります．

▮ 双対性 ▮

表 2.1 (a) をみると，各公理において 2 つの式が対になっていることが分かります．より具体的には，上下対になっている 2 つの式において，上の式中の "$\cdot$" と "$+$"，"0" と "1" を入れ替えると，下の式が得られます．この性質は**双対性** (**duality**) と呼ばれ，ブール代数の最も重要な性質の 1 つです．ブール代数においては，"$\cdot$" と "$+$" は「対等」だということができます．

算術積，算術和との違いは，
① "$+$" が分配すること

② 補元が存在すること

だと述べましたが，どちらも双対性と深い関係があります．

▎定理▎

表 2.1 (b) に，ブール代数の主な定理を示します．表 2.1 (a) に示したのは「公理」ですから，これらの定理は公理だけから導くことができます．

ブール代数とは本来，このように，集合演算だとか論理演算だとかを仮定せず，表 2.1 (a) に示した公理系を満たす系の性質を調べる数学なのです．

表 2.1 (a) に示した公理だけから表 2.1 (b) に示した諸定理を導くのはややテクニカルです．数学が得意な人はチャレンジしてみてください．

しかし論理演算の場合には，変数 x, y の値は，0 か 1 しかありませんから定理の証明は非常に簡単です．0, 1 をそれぞれに代入して，式が成立することを確かめればよいのです．たとえば，対合則 $(x')' = x$ を証明するには，x に 0 と 1 をそれぞれ代入して，$(0')' = 0$ と $(1')' = 1$ を確かめればよいのです．そのほかの定理も確かめてみてください．

▎ド・モルガンの法則▎

集合演算に対する**ド・モルガンの法則** (**De Morgan's law**) は，図 2.1 に示すような **ベン図** (**Venn diagram**) を書いて確かめたことがあるはずです．論理演算の場合には，やはり，0, 1 をそれぞれに代入して，式が成立することを確かめれば OK です．

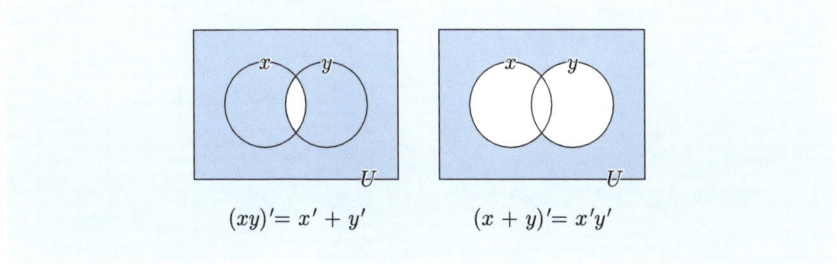

図 2.1　ベン図

2.3 ブール代数と論理ゲート

ここで,ブール代数と論理ゲートの関係についてまとめておきましょう.

2.1 節で触れましたが,論理積,論理和,論理否定は,それぞれ,AND, OR, NOT ゲートに対応します.

■ 多入力ゲート ■

前節で述べたように,ブール代数では,結合則と交換則が成立します.結合則が成立するということは,$x(yz)$ や $x+(y+z)$ と書くときに,xyz や $x+y+z$ と書いてよいということです.さらに,交換則が成立するということは,xyz や $x+y+z$ と書くときに,変数の順番を気にする必要はないということです.

実際に,n 個の変数 $x_1, x_2, \cdots, x_n$ に対して,$x_1 x_2 \cdots x_n$ や $x_1 + x_2 + \cdots + x_n$ を 1 個で実現する論理ゲートが存在します.それぞれ,n 入力 AND ゲート (n-input AND gate),n 入力 OR ゲート (n-input OR gate) といい,しばしば "n-AND","n-OR" などと書きます.図 2.2 に,3 入力の AND ゲート,OR ゲートのシンボルを示します.交換則が成立するので,各入力の間には位置による違いはありません.

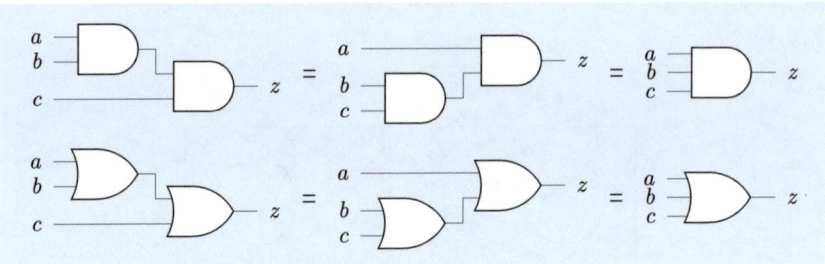

図 2.2 3 入力 AND ゲート(上)と 3 入力 OR ゲート(下)

■ 論理否定 ■

NOT ゲートの本体らしき ▷ は,それだけだと,入力をそのまま出力するゲートになります.このゲートは,回路の物理的(電気的)性質を問題にするディジタル回路では,**バッファ (buffer)** と呼ばれて,回路の遅延を改善したりするために挿入されることがあります.物理的性質を問題にしない論理回路上

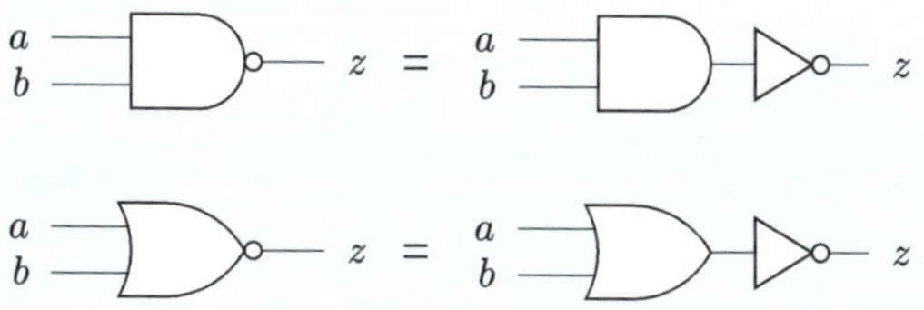

図 2.3 NAND ゲート（上）と NOR ゲート（下）

では，ただの配線と等価なので，わざわざ描かれることは稀です．NOT などと対比する場合には，**BUF** などと記述されます．

NOT ゲートのシンボルは，このバッファのシンボルに ○ を付加したものです．回路図上では，この ○ こそが論理否定を表します．本体らしき ▷ は，したがって，○ だけだと座りが悪いので描いてあると考えてもよいかもしれません．

同様に，図 2.3（左）に示した **NAND** ゲート，**NOR** ゲートは，それぞれ，同図（右）のように，AND ゲート，OR ゲートの出力に NOT ゲートを付加したものと等価になります．ちなみに，"nor" は，英単語として存在しますが，"nand" は造語です．

5 章で詳しく述べる CMOS や TTL といった電子回路では，出力に論理否定が付いている NAND ゲートや NOR ゲートのほうが基本的です．このような回路では，AND/OR ゲートは，逆に，NAND/NOR ゲートと NOT ゲートを組み合わせて作ることになります．

NAND/NOR ゲートに対応する論理演算には，一応，**否定論理積/否定論理和**という名前が付いてはいますが，長ったらしい割にピンときません．そこで，たとえば「2 変数の NAND (NAND of two variables)」といった具合に，論理演算の意味でも NAND/NOR ということもしばしばです．同様に，論理積，論理和，論理否定のことも，以降では，AND，OR，NOT ということにします．

■ ド・モルガンの法則と論理ゲート ■

論理否定を表す ○ は，図 2.4 のように，ゲートの入力側にも付けることができます．NAND/NOR の場合とは逆に，入力側に NOT ゲートを付加したものと等価になります．

ド・モルガンの法則に従うと，$(ab)' = a' + b'$ ですから，図 2.4 (a) は左右とも NAND ゲートになります．同様に，$(a+b)' = a'b'$ ですから，図 2.4 (b) は NOR

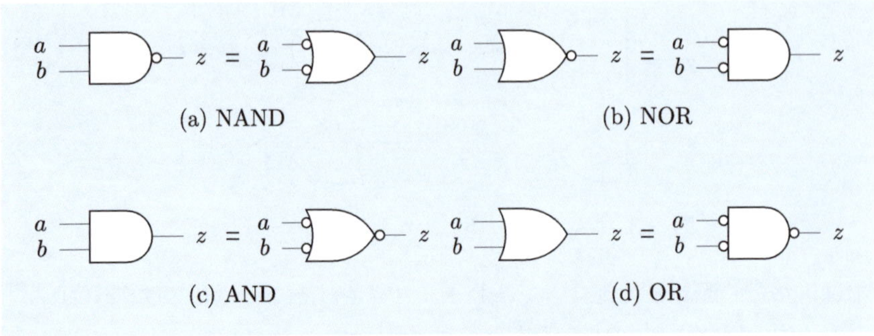

図 2.4　ド・モルガンの法則と論理ゲート

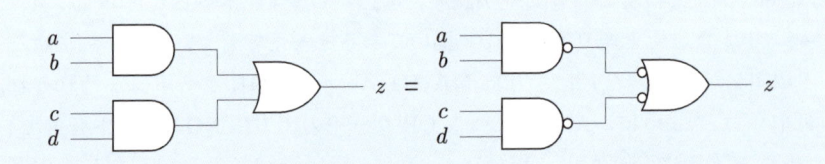

図 2.5　$z = ab + cd$ の回路

ゲートです．同様に，$ab = ((ab)')' = (a' + b')'$，$a + b = ((a+b)')' = (a'b')'$ ですから，図 2.4 (c)，2.4 (d) はそれぞれ，AND ゲート，OR ゲートです．

　AND ゲート，OR ゲートを図 2.4 (c)，2.4 (d)（右）のように書くのは単に分かりにくいだけですが，特に NAND ゲートを図 2.4 (a)（右）のように書くことは意味がある場合があります．$z = ab + cd$ のような表現は，積和形といって，3.2 節以降でよく出てきます．この論理回路は，図 2.5（左）のようにも，（右）のようにも描くことができます．1 段目の出力の ○ と 2 段目の入力の ○ を合わせて，ないのと同じになることに注意してください（対合則，2.2 節参照）．（左）の図では AND ゲートと OR ゲートが必要ですが，（右）の図では，3 つのゲートすべてが NAND ゲートになっています．前述したように TTL や CMOS といった集積回路では NAND ゲートや NOR ゲートのほうが基本的なので，このほうが都合がよいのです．

■ XOR，XNOR ゲート ■

　論理和は，2 つの入力のうち，どちらかが 1 ならば 1 となる論理演算でした．それに対して，2 つの入力のうち，どちらか一方だけが 1 ならば 1 となる

論理演算を**排他的論理和** (exclusive logical sum) といいます．排他的論理和と対比するときには，「普通の」論理和は**包含的論理和** (inclusive logical sum) といいます．

また，排他的論理和演算に対応するゲートは，exclusive の x をとって，**XOR** ゲートといいます[3]．

2 つの変数 a, b の XOR z は，論理式では，$z = a \oplus b$ と書きます．2 つの入力のうち，どちらか一方だけが 1 ならば 1 ですから，$z = a \oplus b = ab' + a'b$ となります．確認してみてください．

AND に対する NAND, OR に対する NOR のように，XOR の出力を否定する論理演算は**排他的否定論理和**といい，その論理ゲートは，**XNOR** ゲートといいます．

2 つの変数 a, b の XNOR z は，$z = (a \oplus b)' = (ab' + a'b)' = \cdots = ab + a'b'$ となります．この式変形も確かめてみてください．これは，両方とも 1, もしくは，両方とも 0 のときに 1, つまり，2 つの入力が等しいとき 1 になります．そのため，排他的否定論理和は**等値** (equivalence) と，XNOR ゲートは **EQUIV** ゲートと呼ばれることもあります．

■ **多入力 XOR, XNOR ゲート** ■

AND, OR の場合と同様に，XOR, XNOR にも結合則と交換則が成立します．すなわち，演算の順序を気にせずに $a \oplus b \oplus c$ などと書いてよく，また，多入力の XOR ゲート，多入力の XNOR ゲートも存在します．

多入力の XOR は，1 である入力の数が奇数なら 1, 偶数なら 0 を出力します．その逆に，多入力の XNOR は，1 である入力の数が偶数なら 1, 奇数なら 0 を出力します．1 である入力の偶/奇を表す XNOR/XOR ゲートの出力は，それぞれ**偶数パリティ** (even parity), **奇数パリティ** (odd parity) といい，エラーの検出などに使われます．

交換則，結合則が成り立つこと，パリティが計算できることを，やはり各自で確かめてみてください．

■ **本節のまとめ** ■

表 2.2 に，本節で挙げた論理ゲートをまとめます．

---

[3] 稀に，EOR と略す場合もあります．

表 2.2　論理ゲートのシンボルと論理式

名前	シンボル	論理式
AND	$a, b \to z$	$z = ab$
OR	$a, b \to z$	$z = a + b$
NOT	$a \to z$	$z = a'$
NAND	$a, b \to z$	$z = (ab)'$
NOR	$a, b \to z$	$z = (a+b)'$
BUF	$a \to z$	$z = a$
XOR	$a, b \to z$	$z = ab' + a'b \equiv a \oplus b$
XNOR	$a, b \to z$	$z = ab + a'b' = (a \oplus b)'$

☕ XOR と OR

「または」といった場合，それは OR と XOR，どちらのことでしょう？　実は，日常的には，XOR のほうが普通です．

「傘かレイン・コート」という場合に，両方を持っていく人はいないでしょう．「六ヶ月以下の懲役又は一万円以下の罰金」という場合には，その両方を科せられることはありません．

両方ともがあり得る場合には，「A か B，もしくはその両方」と明示しないと不正確です．英語は，その点，日本語よりやや厳密で，"A and/or B" という表現が存在します．この表現が存在すること自体が，英語の "or" が XOR であることの証拠になっているでしょう．

日常的には XOR が普通であるのに，論理回路では OR のほうが基本的である理由は，双対性に関係があります．詳しくは，5 章で述べることにします．

2.4 論理関数

論理変数 $i_0, i_1, \cdots, i_{n-1} \, (n \geq 1)$ から論理変数 o への写像 f を，n 変数の**論理関数** (n-variable **logic function**[4]) といい，$o = f(i_0, i_1, \cdots, i_{n-1})$ と書きます．たとえば，$g(x) = x'$ は 1 変数論理関数で，$h(x, y) = x \cdot y$ は 2 変数論理関数です．

普通の数学ではめったにみかけませんが，論理関数の場合には，論理回路との関係からか，$i_0, i_1, \cdots, i_{n-1}$ を論理関数の**入力** (input)，$o = f(i_0, i_1, \cdots, i_{n-1})$ を，論理関数の**出力** (output) ということもよくあります．

■ 論理関数と真理値表 ■

n 個の入力 $i_0, i_1, \cdots, i_{n-1} \, (n \geq 1)$ はそれぞれ，0 か 1 のいずれかの値しかとりません．したがって，n 入力論理関数の入力は 0/1 を要素とする n 次元のベクトルです．入力のパターンは 2^n 通りしかありません．

そして，2^n 通りの入力パターンのひとつひとつに対して，出力が 0 か 1 かを指定すると，1 つの論理関数が定まります．

表 2.3 のように，このことを表 (table) として表したものを，**真理値表** (**truth table**) といいます．

論理関数ではない普通の関数——たとえば，$f(x) = x^2$ では，一部の入力に対して表を書くことはできますが，そのすべてを表で表すことはできません．したがって，関数の定義とは，表ではなく，$f(x) = x^2$ のほうです．一方，論理関数の場合には，入力パターンが有限であるため，真理値表によって論理関数のすべてを指定することができます．つまり，真理値表を書くことは，論理関数を定義することと等価になります．

表 2.3 n 入力関数の真理値表

i_{n-1}	i_{n-2}	$\cdots$	i_1	i_0	o
0	0	$\cdots$	0	0	0/1
0	0	$\cdots$	0	1	0/1
$\vdots$	$\vdots$		$\vdots$	$\vdots$	$\vdots$
1	1	$\cdots$	1	1	0/1

---

[4] ほかの用語とは異なり，"logical" より "logic" というほうが多いようです．

実際のディジタル回路でも，**ルックアップ・テーブル (look-up table)** といって，一部の論理関数を表として実現することがあります．

■ 論理関数の例 ■

表 2.4 (a) にすべての 1 入力論理関数を，表 2.4 (b) にすべての 2 入力論理関数を示します．表 2.3 とは異なり，これらの表では，入力を横方向にとって，複数の論理関数を縦方向に並べています．

表 2.4 (a) の $f_0^1(i_0)$ は，入力 i_0 が 1 のとき 0，0 のときも 0，つまり，入力 i_0 の値によらず 0 を出力する関数 $f_0^1(i_0) = 0$ を表します．同様に，$f_1^1(i_0)$ は，入力 i_0 が 1 のとき 0，0 のとき 1，つまり，$f_1^1(i_0)$ は i_0 の論理否定 $f_1^1(i_0) = i_0'$ を表します．

■ 論理関数の数 ■

入力に加えて，出力も 2 値ですから，n 入力論理関数 $(n \geq 1)$ をすべて数え上げることができます．

表 2.4 (a) のように，入力 i_0 のパターン 0, 1 に対して，出力のパターンは 2 桁の二進数 00, 01, 10, 11 で表すことができます．$f_0^1 \sim f_3^1$ の添え字 0 ～ 3 は，これらの二進数を十進表記したものです．その数は 4 通りになります．1 入力の論理関数は，これら $f_0^1 \sim f_3^1$ の 4 種のみで，ほかにはありません．

同様に，表 2.4 (b) に示されるように，2 入力論理関数の場合，入力 i_1, i_0 のパターンは 00, 01, 10, 11 の 4 通りです．それに対して，出力のパターンは 4 桁の二進数 0000 から 1111 で表すことができ，その数は 16 通りになります．

n 入力論理関数の場合だと，入力 $i_0, i_1, \cdots, i_{n-1}$ のパターンは $\underbrace{00\cdots 0}_{n\text{桁}}$ ～ $\underbrace{11\cdots 1}_{n\text{桁}}$ の 2^n 通りになります．それに対して，出力のパターンは 2^n 桁の二進数 $\underbrace{0000\cdots 0}_{2^n\text{桁}}$ ～ $\underbrace{1111\cdots 1}_{2^n\text{桁}}$ で表すことができ，その数は 2^{2^n} 通りになります．

2.4 論理関数

表 2.4 すべての 1, 2 入力論理関数

(a) すべての 1 入力論理関数

i_0	1	0	名称		論理式
$f_0^1(i_0)$	0	0	恒偽		0
$f_1^1(i_0)$	0	1	論理否定	NOT	i_0'
$f_2^1(i_0)$	1	0		(BUF)	i_0
$f_3^1(i_0)$	1	1	恒真		1

(b) すべての 2 入力論理関数

i_1	1	1	0	0	名称		論理式
i_0	1	0	1	0			
$f_0^2(i_0,i_1)$	0	0	0	0	恒偽		0
$f_1^2(i_0,i_1)$	0	0	0	1	否定論理和	NOR	$(i_0+i_1)'$
$f_2^2(i_0,i_1)$	0	0	1	0			$i_0 i_1'$
$f_3^2(i_0,i_1)$	0	0	1	1			i_1'
$f_4^2(i_0,i_1)$	0	1	0	0			$i_0' i_1$
$f_5^2(i_0,i_1)$	0	1	0	1			i_0'
$f_6^2(i_0,i_1)$	0	1	1	0	排他的論理和	XOR	$i_0 \oplus i_1$
$f_7^2(i_0,i_1)$	0	1	1	1	否定論理積	NAND	$(i_0 i_1)'$
$f_8^2(i_0,i_1)$	1	0	0	0	論理積	AND	$i_0 i_1$
$f_9^2(i_0,i_1)$	1	0	0	1	排他的否定論理和	XNOR	$(i_0 \oplus i_1)'$
$f_a^2(i_0,i_1)$	1	0	1	0			i_0
$f_b^2(i_0,i_1)$	1	0	1	1			$i_0 + i_1'$
$f_c^2(i_0,i_1)$	1	1	0	0			i_1
$f_d^2(i_0,i_1)$	1	1	0	1			$i_0' + i_1$
$f_e^2(i_0,i_1)$	1	1	1	0	論理和	OR	$i_0 + i_1$
$f_f^2(i_0,i_1)$	1	1	1	1	恒真		1

2.5 完全性

先に述べたように，あらゆる論理回路は，AND, OR, NOT の3種の論理ゲートで作ることができます．ここでは，その理論的裏づけについて述べます．

2.5.1 完全集合

関数の有限の集合であって，その要素である関数によってあらゆる関数を構成できるとき，その集合を**完全集合**（または，**完備集合**，complete set）といいます．完全集合を持つことを**完全性**（または，**完備性**，completeness）といいます．

結論から先にいってしまうと，先にも述べたように，3種の論理関数からなる集合 {AND, OR, NOT} は完全集合であり，論理演算は完全性を備えています．完全集合の例としては，以下のようなものがあります：

- {AND, OR, NOT}
- {AND, NOT}
- {OR, NOT}
- {NAND}
- {NOR}

たとえば，{NAND} が完全集合であるということは，NAND ゲートさえ用意してやれば必ず所望の回路を作れることを意味します．つまり，今までみたこともないような複雑な論理ゲートを改めて設計する必要はないのです．1章で，ディジタル回路設計は容易であると述べましたが，このことがその重要な理由の1つになっています．

2.5.2 完全性の証明

では，実際に論理関数の完全性を証明してみましょう．この証明は，それ自身ももちろん重要ですが，その過程には回路設計に関する重要な示唆が含まれています．

証明は，以下のような順序で行います：

(1) 数学的帰納法を用いて，{AND, OR, NOT} が完全集合であることを証明する．
　(a) すべての1入力論理関数が {AND, OR, NOT} で構成できることを示す．
　(b) すべての k 入力論理関数が {AND, OR, NOT} で構成できることを仮定

して，すべての $(k+1)$ 入力論理関数が {AND, OR, NOT} で構成できることを示す．

(2) そのほかの集合，たとえば {NAND} によって，{AND, OR, NOT} が構成できることを示す．

■ **手順 (1)-(a)** ■

まず，すべての 1 入力論理関数が {AND, OR, NOT} で構成できることを示します．

すべての 1 入力論理関数は，すでに表 2.4 (a) に示しました．表の論理式の列をみれば，{AND, OR, NOT} のみで構成できる（実際には NOT のみ）ことは明らかです．

■ **手順 (1)-(b)** ■

次に，すべての k 入力論理関数が {AND, OR, NOT} で構成できることを仮定して，すべての $(k+1)$ 入力論理関数が {AND, OR, NOT} で構成できることを示します．

表 2.5 に任意の $(k+1)$ 入力論理関数 $f^{k+1}(i_0, i_1, \cdots, i_{k-1}, i_k)$ の真理値表を示します．出力の行には何も書いてありませんが，任意に決めてよいということです．

この表の上半分——より正確には，$i_k = 0$ の行，かつ，i_k より右の i_{k-1} 〜 i_0 と出力の列からなる小行列——によって，k 入力の論理関数を 1 つ定義することができます．この論理関数を $f_0^k(i_0, i_1, \cdots, i_{k-1})$ とします．f_0 の添え字 0 は，$i_k = 0$ を意味します．同様に，下半分によって定義される k 入力の論理関数を $f_1^k(i_0, i_1, \cdots, i_{k-1})$ とします．

表 2.5 $f^{k+1}(i_0, i_1, \cdots, i_{k-1}, i_k)$ の真理値表

i_k	i_{k-1}	$\cdots$	i_1	i_0	出力
0	0	$\cdots$	0	0	
0	0	$\cdots$	0	1	
$\vdots$	$\vdots$		$\vdots$	$\vdots$	$\vdots$
0	1	$\cdots$	1	1	
1	0	$\cdots$	0	0	
1	0	$\cdots$	0	1	
$\vdots$	$\vdots$		$\vdots$	$\vdots$	$\vdots$
1	1	$\cdots$	1	1	

すると，f^{k+1} は，

$$f^{k+1} = i_k' \cdot f_0^k + i_k \cdot f_1^k \tag{2.1}$$

とできます．ためしに，この式に $i_k = 0$ を代入してみると，

$$f^{k+1} = i'_k \cdot f_0^k + i_k \cdot f_1^k = 1 \cdot f_0^k + 0 \cdot f_1^k = f_0^k + 0 = f_0^k$$

と，$i_k = 0$ のとき確かに f_0^k になっています．同様にして，$i_k = 1$ のとき $f^{k+1} = f_1^k$ になっていることも確認できます．

式 (2.1) には，"$\cdot$"，"$+$"，"$'$" 以外の演算子は表れていません．また，仮定により，f_0^k, f_1^k は，{AND, OR, NOT} のみによって構成できます．したがって，f^{k+1} は，{AND, OR, NOT} のみによって構成できます．

手順 (1)-(a) においてすべての 1 入力論理関数が {AND, OR, NOT} で構成できることを示しましたので，数学的帰納法により任意の n 入力論理関数 ($n \geq 1$) が {AND, OR, NOT} のみによって構成できることが示されました．

■ **手順 (2)** ■

最後に，そのほかの集合によって AND, OR, NOT が構成できることを示します．たとえば {NAND} によって AND, OR, NOT を構成するには，以下のようにすれば OK です：

- **NOT** 図 2.6 (a) のように，NAND の入力の一方を 1 に固定します．$z = (a \cdot 1)' = a'$ です．あるいは，図 2.6 (b) のように，NAND の 2 つの入力の両方に同じ入力を接続しても，$z = (a \cdot a)' = a'$ となります．
- **AND** 図 2.6 (c) のように，先に作った NOT を NAND の出力に挿入します．$z = ((a \cdot b)')' = (a \cdot b)$ です．なお，2.3 節で述べたように，論理否定を表すのは ◦ であるので，▷ の入力に ◦ があるシンボルも NOT になります．

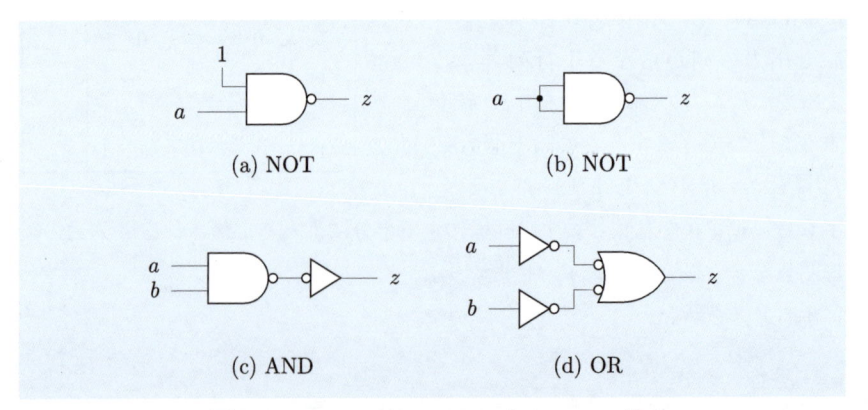

図 2.6 NAND による NOT, AND, OR の構成

- **OR** 図 2.6 (d) のように，先に作った NOT を今度は入力に挿入します．2.2 節，2.3 節で述べたド・モルガンの法則を用いて，$z = (a' \cdot b')' = (a')' + (b')' = a + b$ となります．

本節の最初に挙げたそのほかの完全集合，たとえば {NOR} によって AND, OR, NOT が構成できることは，各自で確かめてみてください（本章末の問題 6）．

2.5.3 ブール微分

ここで式 (2.1) を仔細に検討してみましょう．式 (2.1) に，$i_k = 0, 1$ を代入すると，それぞれ以下の式が得られます．

$$f_0^k(i_0, i_1, \cdots, i_{k-1}) = f^{k+1}(i_0, i_1, \cdots, i_{k-1}, 0)$$
$$f_1^k(i_0, i_1, \cdots, i_{k-1}) = f^{k+1}(i_0, i_1, \cdots, i_{k-1}, 1)$$

これらの式を再び式 (2.1) に代入すると，

$$\begin{aligned}
& f^{k+1}(i_0, i_1, \cdots, i_{k-1},\ i_k\ ) \\
={}& i_k' \cdot f^{k+1}(i_0, i_1, \cdots, i_{k-1},\ 0\ ) \\
+{}& i_k \cdot f^{k+1}(i_0, i_1, \cdots, i_{k-1},\ 1\ )
\end{aligned}$$

となります．これをより一般化すると，$j\ (0 \leq j \leq k-1)$ を用いて，

$$\begin{aligned}
& f(i_0, \cdots, i_{j-1},\ i_j,\ i_{j+1}, \cdots, i_{k-1}) \\
={}& i_j' \cdot f(i_0, \cdots, i_{j-1},\ 0,\ i_{j+1}, \cdots, i_{k-1}) \\
+{}& i_j \cdot f(i_0, \cdots, i_{j-1},\ 1,\ i_{j+1}, \cdots, i_{k-1})
\end{aligned} \tag{2.2}$$

という式が得られます．この式の右辺を，論理関数 f の入力 i_j による**ブール微分** (**Boolean difference**) と呼びます．

ブール微分の論理回路的な意味については，7.4 節でくわしく説明します．

2 章の問題

- **1** 2.2 節に示したべき集合上の集合演算がブール代数であることを示せ．

- **2** 同じく，2.2 節に示した論理演算がブール代数であることを示せ．

- **3** 論理演算が表 2.1 (b) に示したブール代数の定理を満たすことを示せ．

- **4** XOR に対して，結合則，交換則が成立することを示せ．

- **5** 多入力の XOR によってパリティが計算できることを示せ．

- **6** {NOR} が完全集合であることを示せ．

3 組み合わせ回路

　論理回路 は，大きく，組み合わせ回路 (combinational circuit) と順序回路 (sequential circuit) に分けることができます．前者は，その出力が現在の入力のみによって決まるもので，後者はその出力が入力の過去の履歴にも依存するものです．本章では，主に，組み合わせ回路の簡単化について述べます．

---

3 章で学ぶ概念・キーワード
- 組み合わせ回路
- 標準形
- カルノー図

3.1 導入問題

以下のような問題を考えてみましょう．

> **問題 1**
>
> 3つの入力 x, y, z に対して，以下のいずれかの条件が成立したとき 1，それ以外は 0 となる論理関数 $f(x,y,z)$ を求めよ．
> (1) x と y がともに 1．
> (2) x と z がともに 1．
> (3) x と y が等しくなく，かつ，y と z が等しい．

とりあえず，この問を素直に論理式にすると，以下のようになります：

$$f(x,y,z) = xy + xz + (x \oplus y)(y \oplus z)'$$

念のためいっておくと，$\oplus$ は，XOR を表す演算子です（2.3 節参照）．

次に，この式を簡単化してみます：

$$
\begin{align}
f &= xy + xz + (x \oplus y)(y \oplus z)' \tag{3.1} \\
  &= xy + xz + (xy' + x'y)(yz + y'z') && \text{XORの展開} \\
  &= xy + xz + xy'yz + xy'y'z' + x'yyz + x'yy'z' && \text{展開} \\
  &= xy + xz + 0 + xy'z' + x'yz + 0 && yy' = 0 \\
  &= xy + xz + xy'z' + x'yz && x + 0 = x \\
  &= xy(z + z') + x(y + y')z + xy'z' + x'yz && (**) \\
  &= xyz + xyz' + xyz + xy'z + xy'z' + x'yz && x + x = x \\
  &= xyz + x'yz + xyz' + xy'z' + xy'z \tag{3.2} \\
  &= xyz + x'yz + xyz' + xy'z' + xyz + xy'z && x + x = x \\
  &= (x + x')yz + x(y + y')z' + x(y + y')z && (*) \\
  &= yz + xz' + xz && (*) \\
  &= yz + x(z + z') && (*) \\
  &= x + yz \tag{3.3}
\end{align}
$$

式中，$(*)$ のところには，以下の変形を用いています：

$$x(y + y') = x \cdot 1 = x$$

また，$(**)$ のところでは，この変形を逆向きに用いています．

どうでしょう？ なんだか行き当たりばったりに変形しているようで，とて

も正しくできるような気がしません．こんな問題が試験に出たら大変です．

■ 簡単化の効果 ■

ここで，式 (3.1)，式 (3.2)，式 (3.3) に相当する論理回路を描いてみましょう．それぞれ，図 3.1 (a)，図 3.1 (b)，図 3.1 (c) のようになります（次ページ）．なお，図 3.1 (b) の回路図では，名前による接続が行われています．同じ名前が付けられた配線は，図上ではつながっていなくても，つながっているものと考えてください．

図 3.1 (a)，図 3.1 (b)，図 3.1 (c) は，式変形で得られたものなので（式変形が正しければ）同じ論理関数を表しています．しかし，その割に回路規模が互いにずいぶんと異なることが分かります．

ためしに，各回路の大きさを概算してみましょう．各ゲートの大きさは入力の数に比例するとします．図 3.1 (a) は，2 入力ゲートが 5 個と 3 入力ゲートが 1 個で，$2 \times 5 + 3 = 13$ です．図 3.1 (b) は，それより大きく，$1 \times 3 + 3 \times 5 + 5 = 23$．図 3.1 (c) は，ずっと小さく，$2 \times 2 = 4$ で済みます．式変形によって，回路の大きさは 1/3 以下にすることができるわけです．

また，図 3.1 (a)，図 3.1 (b) は入力から出力までゲート 3 段ですが，図 3.1 (c) はゲート 2 段で済んでいます．各ゲートの遅延は入力が多いと長くなりますので，遅延は 2/3 以下に削減できるでしょう．

うまくいけば，値段が 1/3 で，動作速度が 5 割速いプロセッサができるかもしれません．逆に，ライバルの会社がこれをやっているのに，自分の会社がやらなければ，きっと潰れてしまいます．これはもう，やらないわけにはいきません．

しかし，この式変形は大変そうです．そこで，次節からは，簡単化するための別の方法について述べます．式変形は，行き当たりばったりにみえて，実はある指針に基づいて行いました．(∗) で示した変形が多用されているのはそのためです．この方法を用いれば，誰でも簡単な組み合わせ回路を得ることができるようになります．

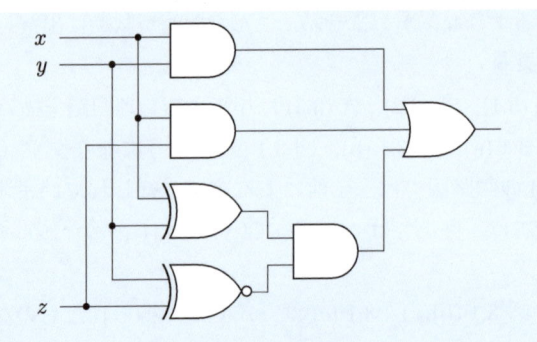

(a) 式 (3.1) の回路

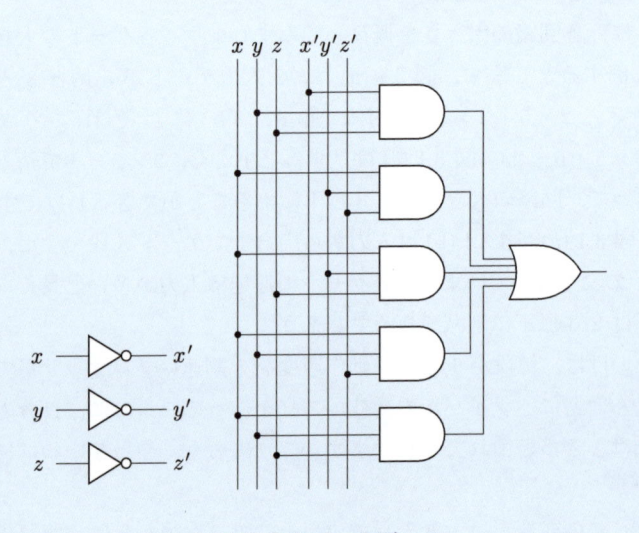

(b) 式 (3.2) の回路

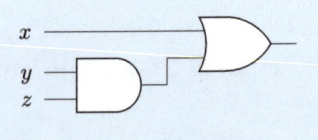

(c) 式 (3.3) の回路

図 3.1　式 (3.1), 式 (3.2), 式 (3.3) の回路

3.2 標準形

組み合わせ回路の簡単化の具体的な方法については次節から説明します．本節では，その準備として，論理関数の標準形というものについて述べます．

3.1 節の式変形では，当然のことながら，各行はすべて同じ論理関数を表します．しかし，ぱっと見では，同じであるかどうか判断できません．**標準形**(canonical form) に変形すれば，論理関数の同一性を容易に判定することができます．すなわち，2 つの式が同じかどうか簡単に判定できるということです．

3.2.1 用語の定義

標準形について説明するためには，その前にいくつかの用語を定義する必要があります．以下では，まず定義を挙げ，その後で具体例を用いて詳しく説明します．実際に例をみたほうが分かりやすいかと思いますので，定義のほうはざっと目を通して，具体例のほうをよくみてください．

まず，定義です：

定義

- **リテラル (literal)**

  変数，または，その論理否定をリテラルといいます．

- **積項 (product term) / 和項 (sum term)**

  リテラルの論理積を積項，リテラルの論理和を和項といいます．

  積項は，普通の数学でいう「項」のことです．論理演算には双対性があり，論理積と論理和は対等の役割を果たします．そのため，論理和に対する「項」として和項が必要になります．そこで，それと区別するために「項」をあえて積項というのです．

- **最小項 (minterm) / 最大項 (maxterm)**

  n 変数論理関数において，積項のうちで n 変数のリテラルがそろっているものを最小項，和項のうちで n 変数のリテラルがそろっているものを最大項といいます．

たとえば 3 変数，x, y, z の論理関数の場合には，以下のようになります：
- リテラル　x, y, z の 3 種と，それらの論理否定 x', y', z' の 3 種．
- 積項　$xy, yz, zx, x'y, \cdots, z'x'$ の 12 種と最小項の 8 種，合わせて 20 種．
- 和項　$x+y, y+z, \cdots, z'+x'$ の 12 種と最大項の 8 種，合わせて 20 種．

- 最小項　$x'y'z'$, $x'y'z$, $x'yz'$, $x'yz$, $xy'z'$, $xy'z$, xyz', xyz の 8 種．
- 最大項　$x'+y'+z'$, $x'+y'+z$, $\cdots$, $x+y+z$ の 8 種．

　これらの中では，特に，最小項と最大項が重要です．標準形は，最小項と最大項によって定義されます．

定義（標準形）

例によって双対性のため，標準形には積和と和積の 2 種があります：
- **積和標準形** (canonical sum-of-products form)　最小項の論理和．
- **和積標準形** (canonical product-of-sums form)　最大項の論理積．

　なお，積和標準形は，**加法正規形** (disjunctive normal form)，**最小項表現** (minterm expression) ともいいます．同様に，和積標準形は，**乗法正規形** (conjunctive normal form)，**最大項表現** (maxterm expression) ともいいます．

　3.1 節の式 (3.2) は，実は，積和標準形でした．それに対応する図 3.1 (b) は，積和標準形の回路です．なんとなく「標準」な感じがするのではないでしょうか？

3.2.2　積和標準形

■最小項の性質■

　式 (3.2) を詳しくみてみましょう．

$$f(x,y,z) = x'yz + xy'z' + xy'z + xyz' + xyz \tag{3.2}$$

　右辺の中の最小項 xyz は，$(x,y,z) = (1,1,1)$ のとき 1 になります．同様に，最小項 $x'yz$ は，$(x,y,z) = (0,1,1)$ のとき 1 になります．

　逆に，$(x,y,z) = (1,1,1)$ のとき 1 になる最小項は xyz のみです．xyz 以外の最小項では，リテラル x，y，z のうち少なくとも 1 つが論理否定の形になっている——つまり，"$'$" が付いているはずです．$(x,y,z) = (1,1,1)$ のとき，その "$'$" がついたリテラルが 0 になるので，そのリテラルを含む最小項は 0 になります．このように，2 つ（以上）の最小項が同時に 1 になることはありません．結局，積和標準形では，関数の値が 1 になる入力を与えると，その入力に対応するただ 1 つの最小項が 1 になって，その結果関数の値が 1 になるのです．関数の値が 0 になる入力を与えた場合には，どの最小項も 1 にはなりません．

3.2 標　準　形

■ 積和標準形と真理値表 ■

このことを表したのが，表 3.1 です．

この表の一番左の列には，入力 x, y, z の値を 3 桁の二進数とみなしたものが番号として記されています．$(x, y, z) = (0, 0, 0)$ は 0 番，$(0, 0, 1)$ は 1 番，$\cdots$，$(1, 1, 0)$ は 6 番，$(1, 1, 1)$ は 7 番といった具合です．

同表の「最小項」の欄には，その入力のときに 1 になる最小項が記されています．入力の番号が i 番のときに 1 になる最小項を $\boldsymbol{m_i}$ で表します．たとえば，入力が $(1, 1, 1)$，すなわち，7 番のときには，$m_7 = xyz$ が 1 になります．

逆に，最小項からそれが 1 になる入力を求めるには，"′" が付いているリテラルを 0，付いていないリテラルを 1 として，二進数とみなせば OK です．たとえば，$x'yz$ なら，x に "′" が付いていますので，それが 1 になる入力は $(0, 1, 1)$，これを 3 桁の二進数とみなせばその番号は 3，したがって，$x'yz = m_3$ と分かります．慣れてくれば，$x'yz$ をみると，011 だと分かるようになると思います．

表 3.1　3 入力論理関数の最小項，最大項

#	x y z 最小項 最大項	#	x y z 最小項 最大項
0	0　0　0 $m_0 = x' \cdot y' \cdot z'$ $M_0 = x + y + z$	4	1　0　0 $m_4 = x \cdot y' \cdot z'$ $M_4 = x' + y + z$
1	0　0　1 $m_1 = x' \cdot y' \cdot z$ $M_1 = x + y + z'$	5	1　0　1 $m_5 = x \cdot y' \cdot z$ $M_5 = x' + y + z'$
2	0　1　0 $m_2 = x' \cdot y \cdot z'$ $M_2 = x + y' + z$	6	1　1　0 $m_6 = x \cdot y \cdot z'$ $M_6 = x' + y' + z$
3	0　1　1 $m_3 = x' \cdot y \cdot z$ $M_3 = x + y' + z'$	7	1　1　1 $m_7 = x \cdot y \cdot z$ $M_7 = x' + y' + z'$

表 3.2 $f(x,y,z)$ の真理値表と最小項

#	x	y	z	f	最小項
0	0	0	0	0	
1	0	0	1	0	
2	0	1	0	0	
3	0	1	1	1	m_3
4	1	0	0	1	m_4
5	1	0	1	1	m_5
6	1	1	0	1	m_6
7	1	1	1	1	m_7

このようにすると，式 (3.2) の積和標準形は，以下のように記述することができます：

$$f(x,y,z) = x'yz + xy'z' + xy'z + xyz' + xyz \tag{3.2}$$
$$= m_3 + m_4 + m_5 + m_6 + m_7 \tag{3.4}$$

この式はまた，m_i の添字 i だけを並べて，以下のように省略します：

$$f(x,y,z) = \sum(3,4,5,6,7)$$

この表現を**最小項リスト** (**minterm list**) といいます．$\sum$ は，普通の数学の総和に倣ったものです．最小項リストはまた，**ON-set** ともいわれます．それは，関数の値が 1，すなわち，"ON" になる入力を列挙したものだからです．

以上から，積和標準形が一意に定まることは明らかです．関数の真理値表が与えられれば，その値が 1 になる入力をすべて拾い，最小項リストや積和標準形を求めることができます．$f(x,y,z)$ の例では，表 3.2 の真理値表から，即座に $\sum(3,4,5,6,7)$ と答えることができます．この際に，別の積和標準形がでてくる余地はありません．

3.2.3 和積標準形

■**最大項と和積標準形**■

双対性により，同様の議論が和積標準形にも成り立ちます．ここまでの議論において，論理積 ⇔ 論理和，0 ⇔ 1 を入れ替えれば OK です．ただし，和積形は人間の思考にそぐわないところがあるので，ある種の慣れが必要です．

とりあえず，式 (3.2) を和積標準形に変換したものを示します：

3.2 標準形

$$f(x,y,z) = x'yz + xy'z' + xy'z + xyz' + xyz \tag{3.2}$$
$$= (x+y+z)(x+y+z')(x+y'+z) \tag{3.5}$$

最大項 $(x+y+z)$ は，$(x,y,z) = (0,0,0)$ のときに 0 になります．逆に，$(x,y,z) = (0,0,0)$ のとき 0 になる最大項は，$(x+y+z)$ のみです．和積標準形では，関数の値が 0 になる入力を与えると，その入力に対応するただ 1 つの最大項が 0 になって，その結果関数の値が 0 になるのです．

表 3.1 の「最小項，最大項」の列には，その入力のときに 0 になる最大項も記されています．入力の番号が i 番のときに 0 になる最大項を M_i で表します．このようにすると，式 (3.5) の和積標準形は，以下のように記述することができます：

$$\begin{aligned} f(x,y,z) &= (x+y+z) \cdot (x+y+z') \cdot (x+y'+z) \\ &= \quad M_0 \quad \cdot \quad M_1 \quad \cdot \quad M_2 \\ &= \textstyle\prod(0,1,2) \end{aligned} \tag{3.5}$$

この表現は，**最大項リスト** (**maxterm list**) といいます．$\prod$ は，普通の数学の乗積に倣ったものです．最大項リストは，関数の値が 0，すなわち，"OFF" になる入力を列挙したものなので，**OFF-set** ともいわれます．

積和標準形の場合と同様に，和積標準形が一意に定まることも明らかです．関数の真理値表が与えられれば，その値が 0 になる入力をすべて拾い，最大項リストや和積標準形を一意に求めることができます．

▍積和標準形と和積標準形 ▍

この考え方を用いれば，積和標準形と和積標準形は，簡単に互いに変換することができます．積和標準形 ⇔ ON-set ⇔ OFF-set ⇔ 和積標準形とすればよいのです．

3.3 ハイパキューブ

それでは，具体的に組み合わせ回路の簡単化について考えましょう．

3.1 節の式変形を思い出してください．(∗) で示した，以下の式を多用していました：

$$xy + xy' = x(y + y') = x \cdot 1 = x \tag{3.6}$$

この変形は，以下のように，3 リテラル以上からなる積項にも適用できます：

$$xyz + xyz' = xy(z + z') = xy \cdot 1 = xy \tag{3.7}$$

本節の目的は，この変形を適用できる場所を探す系統だった方法をみつけることです．この式を適用するには，xyz と xyz' のように，1 つのリテラルのみが異なるような 2 つの積項を探す必要があります．

■ 座標系による真理値表の表現 ■

1 つのリテラルのみが異なるということは，それが 1 になる入力パターンも 1 要素だけが異なるということになります．たとえば，xyz と xyz' の場合だと，それが 1 になる入力はそれぞれ，$(x, y, z) = (1, 1, 1)$ と $(1, 1, 0)$ と，z の値だけが異なります．

そこで，$f(x, y, z) = \sum(3, 4, 5, 6, 7)$ の真理値表を，図 3.2 のように表現してみます．同図では，3 つの変数，x，y，z を，3 次元直交座標系の各軸に対応させています．各変数の値は 0 か 1 ですので，入力は各辺の長さ 1 の立方体の頂点に対応します．各頂点の座標 (x, y, z) を入力とみなし，その頂点に関数

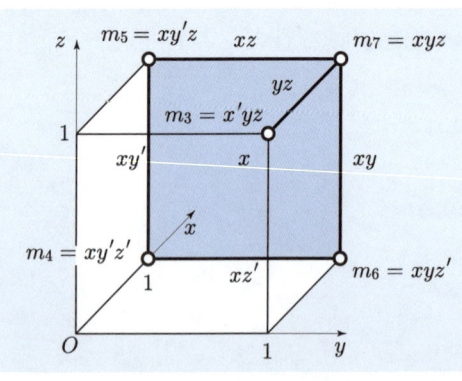

図 3.2 $f(x, y, z) = \sum(3, 4, 5, 6, 7)$ の 3 次元直交座標系による表現

の値を割り当てれば，真理値表と等価なものとなります．図 3.2 では，関数の値が 1 になる頂点，$(x,y,z) = (0,1,1),(1,0,0),\cdots,(1,1,1)$ に○を付けて表しています．○の脇には，その入力が与えられたとき 1 になる最小項もあわせて記してあります．

この立方体の，辺の両端にある 2 つの頂点の最小項をみてください．いずれも，1 つのリテラルのみが異なっているような 2 つの積項になっています．たとえば，$m_6 = xyz'$ と $m_7 = xyz$ は，まさに先ほど出した式 (3.7) が当てはまります．それも当然で，辺の両端にある頂点では，その辺と平行な軸に対応する変数の値だけが異なるからです．$m_6 = xyz'$ と $m_7 = xyz$ の例では，辺は z 軸に平行なので，z の値だけが異なるのです．

■主項■

実際に $m_6 = xyz'$ と $m_7 = xyz$ に式 (3.7) を適用すると，項 xy が得られます．項 xy があれば，$m_6 = xyz'$ と $m_7 = xyz$ は不要です．このことを，xy は $m_6 = xyz'$ と $m_7 = xyz$ を**カバー**（**cover，被覆**）するといいます．項 xy は，同図のように，直線 $x=1$，$y=1$ に対応します．

このことから分かるように，当面の目標は，1 つでなるべく多くの最小項をカバーできる「大きな」項を求めることになります．

同様の簡約は，m_3 と m_7，m_4 と m_5，m_4 と m_6，m_5 と m_7 にも適用でき，図中の各辺に記してある通り，それぞれ，積項 yz，xy'，xz'，xz を得ます．

さらに，xy' と xy には，式 (3.6) が適用でき，項 x を得ることができます．図に示したように，x は $x=1$ の平面に対応し，m_4，m_5，m_6，m_7 をカバーします．なお，xz' と xz にも同様の式が適用でき，結果は同じく項 x になります．

ここまでの手続きによって，項 x と項 yz が得られました．この例の場合，この手続きはこれ以上進めることができません．これらの x，yz のように，これ以上「大き」くできない項を**主項**（**prime implicant**）といいます．

主項 x と主項 yz によって，$x+yz$ という答えが得られます．

最小項 m_7 は，主項 x と主項 yz の両方によってカバーされていることに注意してください．m_7 に対応する入力 $(x,y,z) = (1,1,1)$ が与えられたときには，主項 x と主項 yz の両方が 1 になりますが，問題はありません．

■ハイパキューブ■

$f(x,y,z)$ は，3 変数でしたので，3 次元座標系で表現することができました．

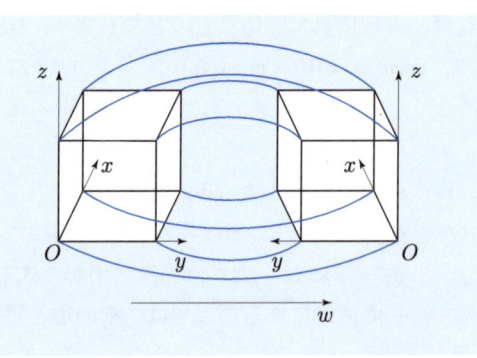

図 3.3 4次元ハイパキューブの構成法

4変数の場合には，4次元の**ハイパキューブ**（hypercube，**超立方体**）によって表現することができます．

図 3.3 に，4次元ハイパキューブの構成法を示します．立方体を「鏡」で折り返して，対応する頂点同士を結びます．4番目の次元 w について，元の立方体を $w=0$，新しいほうを $w=1$ とします．

同様の手続きを繰り返せば，多次元のハイパキューブを得ることができます．逆に，頂点，辺，面，立方体は，それぞれ，0, 1, 2, 3次元のハイパキューブです．

☕ ハミング距離とハイパキューブ

$(x,y,z)=(1,1,1)$ と $(1,1,0)$ がどれだけ違うかを表現するには，**ハミング距離** (**Hamming distance**) を用いると便利です．2つのパターン間のハミング距離は，互いに異なる要素の数と定義します．たとえば，$(1,1,1)$ と $(1,1,0)$ では，1つの要素だけが異なるので，ハミング距離は1になります．

ハイパキューブなどのグラフでは，2頂点間の経路上にある辺の数を**ホップ** (**hop**) といいます．ハイパキューブでは，最短経路のホップ数が2頂点間のハミング距離になります．たとえば，$(0,0,0)$ から $(1,1,0)$ までは，$(0,0,0) \overset{1}{\to} (1,0,0) \overset{2}{\to} (1,1,0)$ と，2ホップなので，ハミング距離は2になります．

ハイパキューブ上で隣接するとは，ハミング距離が1ということです．

3.4 カルノー図

前節で述べたように,簡単化の基本はハイパキューブですが,いちいち多次元のグラフを描いていたのでは大変です.そこで,同じことを簡単に描けるようにしたのが,**カルノー図** (**Karnaugh map**) です.

■ **3 変数のカルノー図** ■

図 3.4 に,$f(x,y,z) = \sum(3,4,5,6,7)$ のカルノー図を示します.カルノー図は,ハイパキューブと同様,真理値表の一表現です.ハイパキューブの頂点は,カルノー図上の升目に対応します.関数の値が 1 になる升目には,1 を書きます.カルノー図では,普通,0 は省略します.

カルノー図は,ハイパキューブを,いわば「開き」にしたものです.ハイパキューブ上で隣接した頂点は,カルノー図上の升目でも隣接するようになっています.ただしもちろん,多次元の構造を無理やり 2 次元に落としたものなので,隣接関係を表現するには以下のようなトリックが必要です:

(1) 端の升目は,反対の端の升目と隣接していると考えてください.図 3.4 のカルノー図では,左端と右端が隣接しています.もともと左端と右端がくっついた筒になっていて,それをハサミで切り開いてここに張ったのだと考えると分かりやすいかと思います.

(2) 左にある $x = 0, 1$ は分かると思いますが,上にある $yz = 00, 01, 11, 10$ は見慣れない形です.$yz = 00$ は,$y = 0$ かつ $z = 0$ の意味であることは想像がつくと思います.問題はその並びです.$yz = 00, 01$ の次は,10 ではなく 11 です.この並びは**グレイ符号** (**Gray code**) といいます.

■ **4 変数のカルノー図** ■

図 3.6 に,4 変数の場合のカルノー図を示します.基本は 3 変数の場合と同じ

	yz			
	00	01	11	10
x = 0			1	
x = 1	1	1	1	1

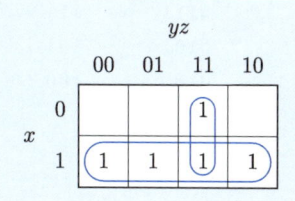

図 3.4 $f(x,y,z) = \sum(3,4,5,6,7)$ のカルノー図

です．ただし，縦方向もグレイ符号になっています．また，左端と右端だけでなく，上端と下端もつながっています．まず，上端と下端を丸めてくっつけて筒にした後，さらに左端と右端も（無理やり伸ばして？）くっつけると，ドーナツ状の構造が得られます．位相幾何学では，この構造を **トーラス (torus)** といいます．

☕ グレイ符号

普通の二進数，すなわち，**二進符号 (binary code)**（7.2 節参照）では，数え上げていくときに，同時に 2 つ以上の桁が変化することがあります．たとえば，$(011)_2 = 3$ から $(100)_2 = 4$ では，同時に 3 桁が変化しています．

そこで，必ず 1 桁しか変化しないようにしたのが，グレイ符号です．

図 3.5 に，グレイ符号の作り方を示します．まず，元の符号語の列を鏡で折り返して倍の長さにし，元の符号語には最上位に 0 を，新しくできた符号語には 1 を追加します．このようにすれば，隣接している符号語間では 1 桁しか異なりません．

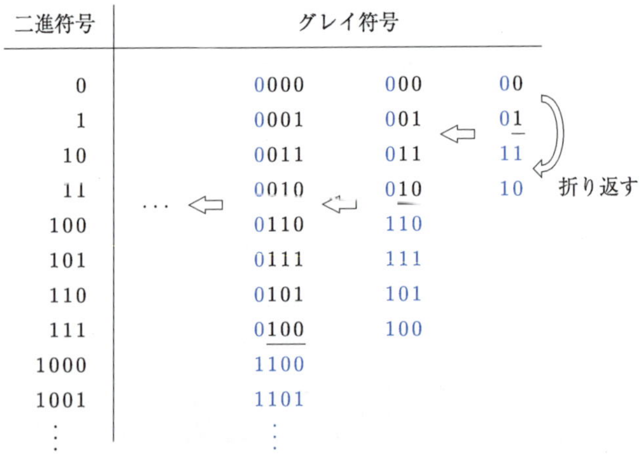

二進符号	グレイ符号			
0	0000	000		00
1	0001	001		01
10	0011	011		11
11	0010	010		10
100	0110	110		
101	0111	111		
110	0101	101		
111	0100	100		
1000	1100			
1001	1101			
⋮	⋮			

折り返す

図 3.5　グレイ符号の作り方

3.4 カルノー図

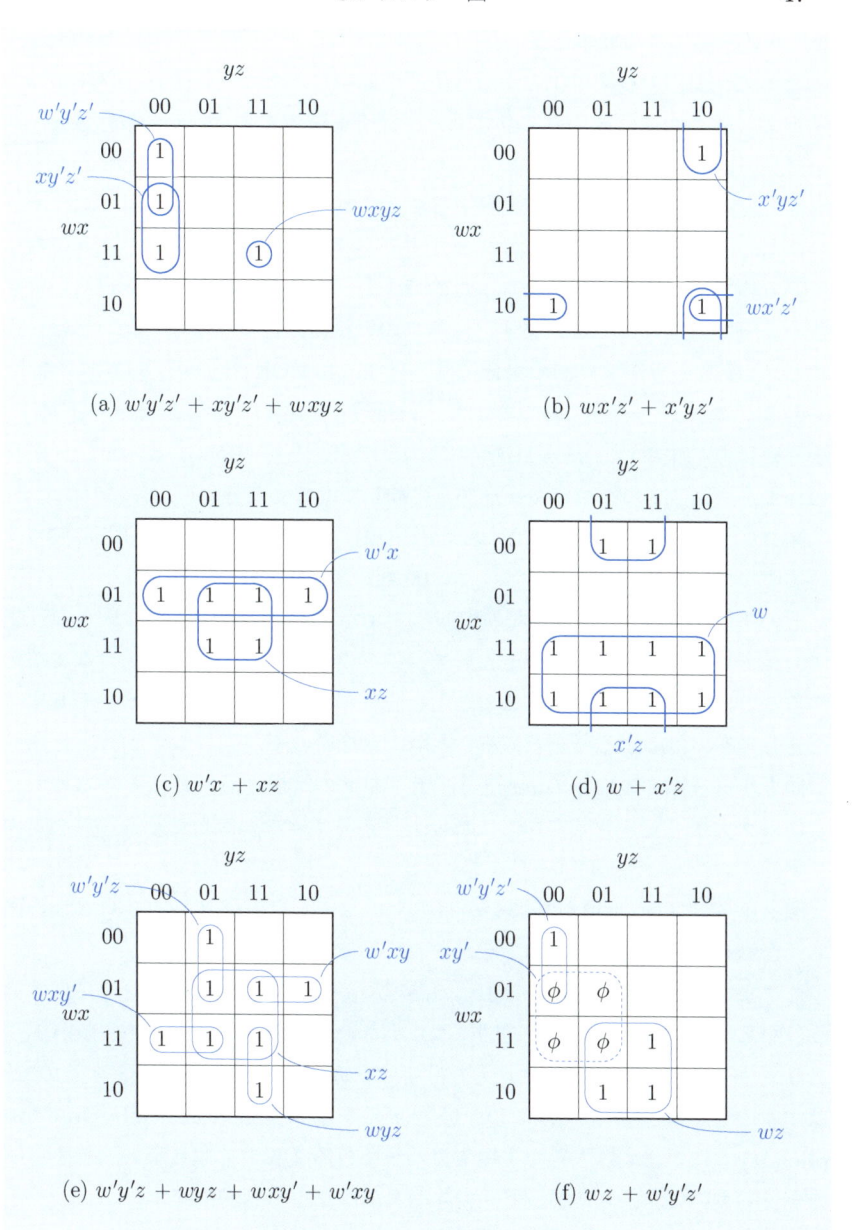

(a) $w'y'z' + xy'z' + wxyz$

(b) $wx'z' + x'yz'$

(c) $w'x + xz$

(d) $w + x'z$

(e) $w'y'z + wyz + wxy' + w'xy$

(f) $wz + w'y'z'$

図 3.6 4変数のカルノー図と主項

■カルノー図による簡単化■

カルノー図による簡単化の手続きは，前節で述べたハイパキューブによる簡単化と，基本的には変わりありません．図 3.4 に示すように，1 の升目を「ループ」で囲んで主項をみつけます．ハイパキューブによる簡単化をきちんと理解していれば，本当は改めて説明することはありません．

ただし，ループの大きさには必要です．ハイパキューブでは別の次元になっているので気にする必要がなかったのですが，カルノー図ではあり得ない大きさのループも描けてしまいます．ループの縦横は，2 のべき乗でないといけません．4 変数のカルノー図の場合には，1, 2, 4 は OK ですが，3 は NG です．

図 3.4 のカルノー図において，大きいほうの主項は，$x = 1$ なので x です．小さいほうの主項は，$yz = 11$ なので，yz です．したがって，$f = x + yz$ が得られます．図 3.2 のハイパキューブと比較してみてください．

図 3.6 (a) のカルノー図では，左上の主項は，$wx = 00$ と $wx = 01$ に渡っていますので，$w = 0$ です．また，$yz = 00$ なので，$w'y'z'$ となります．

その下の主項は，$yz = 00$ なのは同じですが，$x = 1$ なので，$xy'z'$ となります．長さ 3 のループは描けませんので，この 2 つを合わせてより大きな主項を作ることはできません．もしこのことを忘れて長さ 3 のループを描いてしまったとしても，対応する項を求めることができないので，気がつくと思います．

同カルノー図中，右下の $wxyz$ は，上下左右の隣接する升目に 1 がないのでこれ以上大きくできませんが，これ以上大きくできないからこそ，これも主項です．

図 3.6 (b) には，主項が端にかかる例を示しました．図 3.6 (c), 3.6 (d) の例も，合わせて各自確認してみてください．

ここまでの例では，得られた主項の論理和が答えでした．図 3.6 (e) には，そうはならない例を示します．同図には，小さい主項が 4 つと大きい主項が 1 つあります．小さい主項はいずれも，はずすとカバーできない 1 ができるので，はずすことができません．このような主項を**必須主項** (essential prime implicant) といいます．大きな主項でカバーできる 1 は，必須主項のみでカバーできてしまいます．したがって，大きな主項はなくても OK です．

■5 変数以上のカルノー図■

図 3.7 に，5 変数の場合のカルノー図を示します．5 変数以上では，もはや 1

3.4 カルノー図

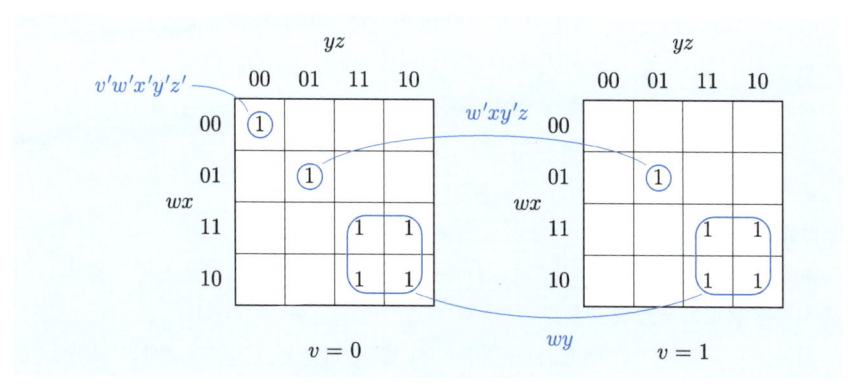

図 3.7 5変数のカルノー図

枚の表に書き表すことはできません．図 3.7 では，$v=0$ 用と $v=1$ 用の 2 枚を用いて，なんとか 5 変数の場合を表現しています．左右の図において，それぞれ同じ位置にある升目は，$wxyz$ が同じで v だけが異なりますから，やはり隣接しています．そのことに注意しさえすれば，4 変数の場合と同様にすることができます．

6 変数の場合には，4 変数からなる表が 4 枚必要になります．4 枚を重ねて表せば，同様にすることができます．一番下の表と一番上の表が隣接していることに注意が必要です．

7 変数以上の場合にも同様な方法で簡単化が可能ですが，人間にはちょっと無理です．

■ 不完全指定 ■

当然のことと思われるかもしれませんが，ここまでに述べた論理関数は，すべての入力のパターンに対して出力が 0 か 1 かを指定していました．しかし実際に論理設計を行う場面では，一部の入力について出力を指定する必要がないことがよくあります．すべて入力に対しては出力を指定しない論理関数を**不完全指定論理関数** (incompletely specified logic function) といいます．それに対して，ここまでに述べてきた，すべての入力に対して出力を指定する論理関数は，**完全指定論理関数** (completely specified logic function) といいます．

どちらでもよい出力のことを **don't care** といい，ϕ（ファイ）で表します．

不完全指定論理関数をカルノー図を用いて簡単化するには，ϕ の値を都合よ

く 0, 1 に読み替えれば OK です．具体的には，ϕ を囲むと大きなループが作れるときには，ϕ を 1 とみなすのです．たとえば，図 3.6 (f) では，2 つの主項のそれぞれにおいて，ϕ を 1 つ組み入れることで一回り大きなループを作っています．もちろん，ϕ だけからなるようなループ (xy') をあえて追加する必要はありません．

■ **カルノー図の限界** ■

本節で述べた方法を用いて得られるのは，最小の積和形であって，必ずしも最小の回路ではありません．

関数によっては，和積形のほうが小さい回路が得られることがあります．カルノー図をうまく使うことよって，最小の和積形を得ることはできます（本章末の問題 3）．ただし，積和形と和積形のどちらが小さいくなるかは，やってみないと分かりません．

また，XOR をうまく使うと回路が劇的に小さくなることがあります（本章末の問題 4）が，これらの方法を用いても XOR を使うべきところは分かりません．

☕ **クワイン-マクラスキー法**

　カルノー図は，組み合わせ回路の簡単化の本質を説明するには，直観的で，教育目的にはふさわしいものです．しかし，直観的ゆえの限界も同時に抱えています．扱える変数の数は 5 程度がせいぜいです．また，「できるだけ大きなループで」など，表現がやや曖昧です．

　カルノー図よりアルゴリズミックな方法に，**クワイン-マクラスキー法** (Quine-McCluskey method) があります．クワイン-マクラスキー法 は，本質的にはカルノー図による方法と変わるものではありません．しかし，そのままコンピュータで実行できるプログラムに書き下すことができ，6 変数以上の場合も同様に扱うことができます[1~3,5]．

3 章の問題

☐ **1** 論理関数 $f(w,x,y,z) = \sum(5,6,9,10)$ について,そのカルノー図を示せ.

☐ **2** 上記の問題 1 の論理関数を簡単化せよ.

☐ **3** まず,論理関数 $g(w,x,y,z) = w+x$ のカルノー図を示せ.それを参考にして,上記の問題 1 の論理関数を,和積形として簡単化せよ.

☐ **4** 上記の問題 1 の論理関数を,XOR ゲートを用いて表せ.

4 順序回路

前章でも述べたように，論理回路は，大きく，組み合わせ回路 (combinational circuit) と順序回路 (sequential circuit) に分けることができます．本章では，順序回路の理論的側面について述べます．

> **4 章で学ぶ概念・キーワード**
> - 順序回路
> - 有限オートマトン
> - 状態機械の最小化
> - 状態割り当て

4.1 導入問題

例によって,導入問題からはじめましょう.

問題 2

以下のような自動販売機の制御回路を設計せよ.商品 200 円のもの 1 種類のみとする.簡単のため,投入できるのは 100 円硬貨のみとする.回路の入出力は以下の通りとする:

- **入力** 硬貨が 1 つ投入されると,入力 x が 1 サイクルの間 1 になる.
- **出力** 出力 z を 1 サイクルの間 1 にすると,商品が 1 つ送り出される.

図 4.1 (a) に,この回路の動作の様子を示します.この例では,時刻 $t = 1, 3, 5, 6$ に,硬貨が投入され,$x = 1$ となっています.偶数回目に $x = 1$ になったとき,すなわち,$t = 3, 6$ で,$z = 1$ となっており,商品が送り出されます.

ここで注意してもらいたいのは,たとえば,$t = 1$ と $t = 3$ の入出力の関係です.時刻 $t = 1$ と $t = 3$ では,入力が $x = 1$ で同じであるのに,$t = 1$ では

t	0	1	2	3	4	5	6	7
x	0	1	0	1	0	1	1	0
z	0	0	0	1	0	0	1	0

(a) 動作例

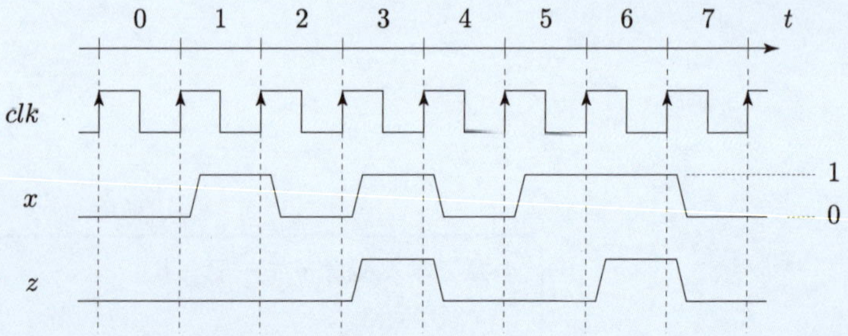

(b) タイミング・チャート

図 4.1 問題 2 の回路の動作例とタイミング・チャート

$z=0$, $t=3$ では $z=1$ と，出力は異なっています．

前章までで述べてきた組み合わせ回路では，出力はそのときの入力によって一意に決まります．つまり，入力が同じであるのに出力が異なるということはありません．

それに対して，この例の回路では，そのときの入力だけではなく，入力の履歴，すなわち，それまでに入力がどのように変化してきたかによって出力が決まるのです．このような回路を，組み合わせ回路と対比して，**順序回路** (sequential circuit) といいます．

■ **状態と状態遷移図** ■

入力の履歴によって出力が決まるといっても，過去の入力をすべて記憶しておかなければならないというわけではありません．問題 2 では，硬貨を 1 個受け取っているかどうかを区別できればよいことは明らかかと思います．順序回路では，このことを，以下のような 2 つの**状態** (state) として表現します：

- S_1　硬貨を 1 個受け取っている状態．
- S_0　S_1 ではない状態．硬貨をまだ受け取っていないか，2 個受け取って商品を送り出した後の状態．

入力の系列は無限に存在しますが，この例では S_0 と S_1 の 2 つの状態で表すことができます．このように，無限の入力系列があっても，その現在，および，将来への影響の及ぼし方が有限であれば，有限の状態で表すことができるわけです．

図 4.2 は，**状態遷移図** (state (transition) diagram) といい，このことを視覚的に表したものです．図中，S_0，S_1 は，状態であり，状態間の矢印は**状態遷移** (state transition) を表します．矢印の傍らに付けられた "1/0" などは，入力/出力を表します．たとえば，中央上の S_0 から S_1 に向かう矢印 "1/0" は，「状態 S_0 において，入力が $x=1$ であれば，$z=0$ を出力し，状態 S_1 に遷移する」と読みます．S_0 の上にある，S_0 に向かう矢印は，S_0 が**初期状態** (initial state)

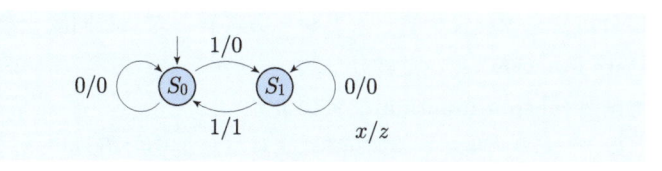

図 4.2　問題 2 の回路の状態遷移図

表 4.1　問題 2 の回路の状態遷移表

(a) 状態遷移表

$S(t)$	$S(t+1), z$	
	$x=0$	$x=1$
S_0	$S_0, 0$	$S_1, 0$
S_1	$S_1, 0$	$S_0, 1$

(b) 次状態関数の真理値表

y	Y	
	$x=0$	$x=1$
0	0	1
1	1	0

(c) 出力関数の真理値表

y	z	
	$x=0$	$x=1$
0	0	0
1	0	1

であることを表しています．この状態遷移図をみると，以下のような動作が想像できると思います：

> 硬貨を 1 個受け取って $x=1$ となると，状態 S_1 に遷移する．そこでさらに硬貨を 1 個受け取ると，$z=1$ として商品を送り出して，状態 S_0 に戻る．

全く同じことが，表 4.1 (c) のような**状態遷移表** (state transition table) によっても表すことができます．表中，$S(t)$ は，現在の状態，**現状態** (current state) を，$S(t+1)$ は，次の状態，**次状態** (next state) を，それぞれ表します．状態遷移図と状態遷移表の対応は，各自で確認してみてください．

状態遷移図のほうが直観的で理解が容易ですが，状態の数が増えると書くのが大変です．状態遷移表のほうは，一見しただけではよく分かりませんが，複雑になっても同じように扱うことができます．

■ 有限状態機械 ■

それが実際どのようなものであるかは分かりませんが，状態遷移図（表）で定義されたものは，図 4.1 (a) に示したような所望の動作をします．したがって，状態遷移図（表）を示しただけでも，一応問題 2 の答えにはなっています．

状態遷移図（表）によって指定される抽象的な機械を，**有限状態機械** (finite state machine)，あるいは，単に，**状態機械** (state machine, **ステート・マシン**) といいます．

状態に関する議論から，状態機械は，図 4.3 のようになっていればよいことが分かります．現状態と入力から次状態を求める関数を**次状態関数** (next-state function) といいます．また，現状態と入力から出力を求める関数を**出力関数** (output function) といいます．

以下では状態機械を論理回路によってどう実現するか考えてみましょう．

4.1 導入問題

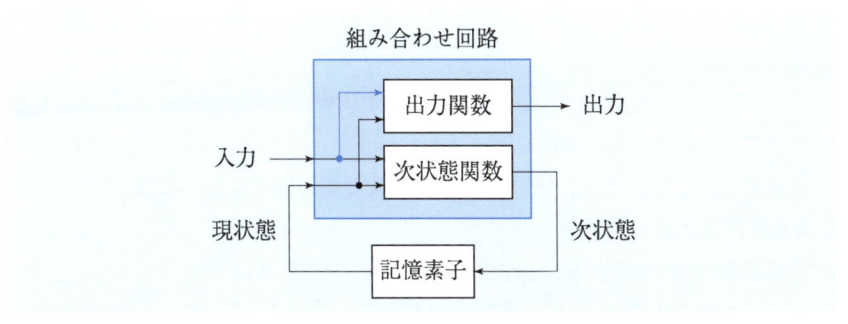

図 4.3 状態機械の概念図

■ **順序回路の概要** ■

状態機械を実現する順序回路は，現状態を記憶する**記憶素子** (memory element) と，次状態関数と出力関数を実現する組み合わせ回路とからなります．なお，このような場合の組み合わせ回路部分を，記憶素子と対比して，しばしば**ロジック** (logic) と呼びます．これらの組み合わせ回路は，前章までで学んだ方法で構成できます．

■ **状態割り当て** ■

ここで先に答えを出してしまいましょう．問題 2 の回路の回路図は，図 4.4 のようになります．

図中，下にある四角形は，***D*-FF** という記憶素子です．詳細は 8 章で述べますが，*D*-FF は，入力 d の値をサンプリングして q に出力します．今は，「d から書いた値が q から読める」と思っておけば十分です．この *D*-FF 1 個を用いて，状態を表現します．

現状態 $S(t)$ は *D*-FF の出力 y によって表されます．$y=0$ なら $S(t)=S_0$，$Q=1$ なら $S(t)=S_1$ であるとしましょう．同様に，次状態 $S(t+1)$ は *D*-FF の

> ☕ **ミーリー・マシンとムーア・マシン**
>
> 状態機械には，出力が，入力に依存せず，現状態だけから決まるものがあります．出力が入力に依存するものを**ミーリー・マシン** (Mealy machine)，依存しないものを**ムーア・マシン** (Moore machine) といいます．ムーア・マシンの場合，図 4.3 中に青色で示した矢印が省略されることになります．

入力 Y によって表されます. $S(t+1) = S_0$ は $Y = 0$, $S(t+1) = S_1$ は $Y = 1$ とすれば OK です.

このように，記憶素子の出力とそれが表す状態との対応を決めることを**状態割り当て (state assignment)** といいます.

状態割り当てを行えば，後は，次状態関数と出力関数を求めるだけです.

■ 次状態関数と出力関数 ■

先の状態割り当てに基づいて，表 4.1 (a) の状態遷移表を書き直してみましょう．次状態関数，出力関数の真理値表は，表 4.1 (b)，表 4.1 (c) のようになります．これらの表は，カルノー図そのものですから，これから：

$Y = x'y + xy' = x \oplus y$　　(次状態関数)
$z = xy$　　　　　　　　　　(出力関数)

と求めることができます．これらの式から，論理回路図を書き起こせば，図 4.4 が得られます．

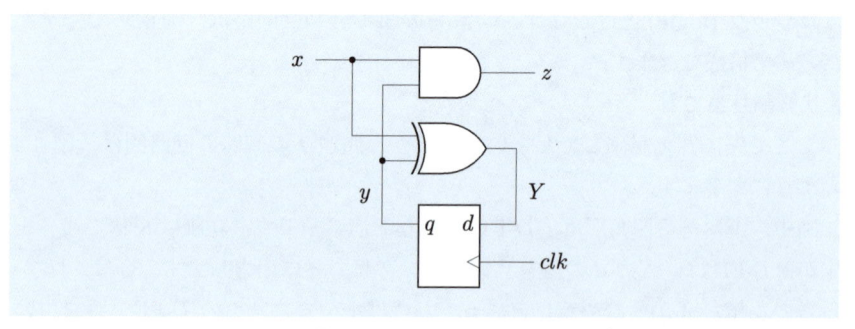

図 4.4　問題 2 の回路図

4.2 有限オートマトン

前節の問題 2 で,硬貨を奇数個受け取った状態は買い物の途中で,偶数個受け取った状態は途中ではありません.そこで,入力 x の系列のうち,1 を奇数個含むものを「非受理」,偶数個含むものを「受理」と判定することにしましょう.入力系列の受理/非受理は,入力系列をすべて受け取った時点での状態が S_0 か S_1 かによって判定することができます.

このように,状態機械は,入力された系列がある与えられた「ルール」を満たすかどうかを判定する機械とみなすことができます.すなわち,出力は考えず,入力系列をすべて受け取った時点での状態が「受理状態」であるかそうでないかだけを問題にするのです.このような機械を**有限オートマトン (finite automaton)** といいます.また,このような「ルール」のことを**言語 (language)** といいます.

図 4.5 に,0 と 1 からなり,010 で終わる言語を受理するオートマトンの状態遷移図を示します.出力を気にしないので,矢印には入力のみを記します.S_3 の二重丸は受理状態を表します(本章末の問題 1).

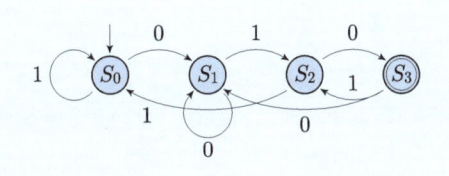

図 4.5 010 で終わる言語を受理するオートマトンの状態遷移図

> ☕ **言語理論**
>
> 有限オートマトンで受理できる言語は,**正規言語 (regular language)** といい,**正規表現 (regular expression)** によっても表すことができます.
> 言語とそれを受理できる機械を取り扱う**言語理論 (language theory)** は,情報における基礎的な数学分野になっています.

4.3 状態機械の最小化

状態機械の状態数を最小化することを，状態機械の最小化といいます．状態数の最小化は，「等価な」状態を 1 つにまとめることによって行います．

■ 状態の等価性 ■

順序機械 M が状態 S_i にあるときにある入力系列を加えると，ある出力系列が得られます．また，同じ機械 M が別の状態 S_j にあるときに同じ入力系列を加えると，別の出力系列が得られます．この 2 つの出力系列が異なれば，S_i と S_j は異なる状態です．

このように，状態 S_i, S_j であるときに同じ入力系列を与えて異なる出力系列が得られるとき，この入力系列を S_i と S_j の **識別系列** (distinguishing sequence) といいます．S_i と S_j に識別系列があるとき，S_i と S_j は **識別可能** (distinguishable) であるといいます．逆に，S_i と S_j に識別系列がないとき，S_i と S_j は **等価** (equivalent) であるといいます．

S_i と S_j に識別系列がないとは，すなわち，あらゆる長さのあらゆる入力系列を与えても全く同じ出力系列が得られるということです．しかし，あらゆる長さのあらゆる入力系列に対して，出力系列が同じであるかどうか調べることはできません．

S_i と S_j に長さ k の識別系列が存在するとき，S_i と S_j は **k 識別可能** (k-distinguishable) といいます．逆に，存在しないとき，S_i と S_j は **k 等価** (k-equeivalence) であるといいます．

■ 等価性による状態の分割 ■

k 等価性によって，状態を複数のブロックに分割することができます．
表 4.2 (a) の状態遷移表で表される状態機械を例に説明します：
(1) 状態 S_0 と S_1 のときの出力 z は，入力 x が $x = 0$ のときいずれも $z = 0$，$x = 1$ のときもいずれも $z = 0$ で同じです．したがって，S_0 と S_1 は 1 等価です．同様に，S_2, S_3, S_4, S_5 は，互いに 1 等価です．そこで，表 4.2 (b) のように，S_0 と S_1 を B_0^1，S_2, S_3, S_4, S_5 を B_1^1 と，2 つのブロックに分割します．このように，1 等価性による分割を π_1 とします．

同表には，状態遷移表を元に，次状態がどのブロックに属するかも記載

4.3 状態機械の最小化

表 4.2 k 等価性による分割

(a) 状態遷移表

現状態	次状態, 出力	
	$x=0$	$x=1$
S_0	$S_1, 0$	$S_2, 0$
S_1	$S_0, 0$	$S_3, 0$
S_2	$S_4, 0$	$S_5, 1$
S_3	$S_4, 0$	$S_5, 1$
S_4	$S_0, 0$	$S_5, 1$
S_5	$S_1, 0$	$S_3, 1$

(b) 1 等価

π_1	状態	次ブロック	
		$x=0$	$x=1$
B_0^1	S_0	B_0^1	B_1^1
	S_1	B_0^1	B_1^1
B_1^1	S_2	B_1^1	B_1^1
	S_3	B_1^1	B_1^1
	S_4	B_0^1	B_1^1
	S_5	B_0^1	B_1^1

(c) 2 等価

π_2	状態	次ブロック	
		$x=0$	$x=1$
B_0^2	S_0	B_0^2	B_1^2
	S_1	B_0^2	B_1^2
B_1^2	S_2	B_2^2	B_2^2
	S_3	B_2^2	B_2^2
B_2^2	S_4	B_0^2	B_2^2
	S_5	B_0^2	B_1^2

(d) 3 等価

π_3	状態	次ブロック	
		$x=0$	$x=1$
B_0^3	S_0	B_0^3	B_1^3
	S_1	B_0^3	B_1^3
B_1^3	S_2	B_2^3	B_3^3
	S_3	B_2^3	B_3^3
B_2^3	S_4	B_0^3	B_3^3
B_3^3	S_5	B_0^3	B_1^3

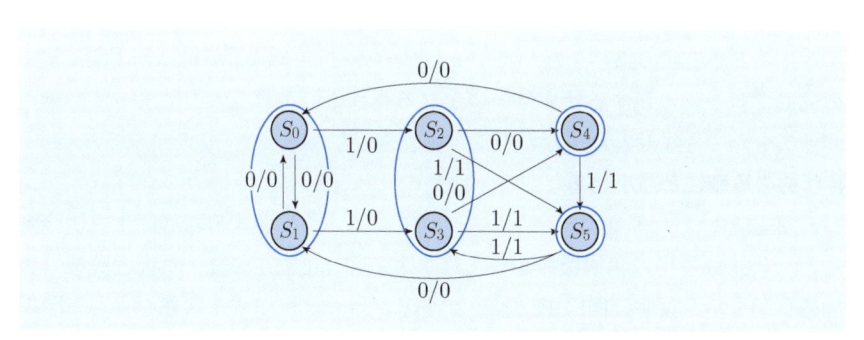

図 4.6 表 4.2 の状態機械の状態遷移図

します．たとえば，状態 S_0 で $x=0$ の遷移先 S_1 は，同じく B_0^1 に属しますから，そこに B_0^1 と記します．

(2) 次に，各状態からの遷移先ブロックを元に，π_2 を求めましょう．遷移先のブロックが異なる入力をさらに別のブロックへと細分化します．入力 $x=0/1$ に対して，S_2, S_3 の遷移先ブロックは B_1^1/B_1^1, S_4, S_5 の遷移先ブロックは B_0^1/B_1^1 になっています．そこで，S_2 と S_3, S_4 と S_5 を別のブロックとして，表 4.2 (c) を作成します．

表 4.2 (c) において同じブロックに属する状態同士は，長さ 2 の入力に対して出力が同じになる状態ですので，2 等価になっています．たとえば，S_3 と S_4 では，1 つ目の入力に対しては出力が同じですが，$x=0$ のときの遷移先ブロックが B_1^1 と B_0^1 で異なりますので，次に $x=1$ が入力されたときの出力が異なります．すなわち，系列 01 が識別系列となっています．S_4 と S_5 では，同じブロックに属していますので 1 つ目の入力に対する出力が同じで，遷移先ブロックも同じですので 2 つ目の入力に対する出力も同じ，すなわち，2 等価になっています．

(3) 同様にして，表 4.2 (c) から表 4.2 (d) の π_3 の表を作成します．

(4) 表 4.2 (d) では，各ブロックに属する状態の遷移先がそれぞれ同じですので，これ以上ブロックは分割されません．これから π_4 の表を作ると，全く同じ表が得られます．このような分割を π_{final} とします．

各ブロックがただ 1 つの状態からなるような分割より細かな分割はないので，いずれ π_{final} が得られることになります．もともとの状態機械の状態数を n とすると，上記の操作をたかだか n 回繰り返せば，π_{final} が得られます．π_{final} の同じブロックに属する状態は，いかなる長さのいかなる入力によっても識別することができません，すなわち，等価です．

■ 状態の等価性と最小化 ■

π_{final} において，等価な，すなわち，同じブロックに属する状態同士を併合すると，状態数最小の状態機械が得られます．図 4.6 に，表 4.2 の状態機械の状態遷移図を示します．同図中，π_{final} の同じブロックに属する状態を青丸で囲みました．青丸で囲まれた状態を併合すると最小化できることがなんとなくみて取れるかと思います．ただしもちろん，直観的に最小化を行うことは困難で，表 4.2 のような操作を省略することはできません．

4.4 状態割り当て

FF の 1 個, 1 個の出力は, 0/1 の 2 値しかとりませんから, 0/1 のパターンとそれが表す状態との対応を決める必要があります. 4.1 節でも述べたように, この対応を決めることを**状態割り当て (state assignment)** といいます.

■ 状態割り当てと状態機械の構造 ■

状態割り当ては, 状態機械の構造と組み合わせ回路の複雑さに大きな影響を与えます.

次のページの表 4.3 に, 同じ状態機械の異なる状態割り当てを示します (本章末の問題 3). 表 4.3 (a) は, 状態 $S_0 \sim S_3$ にグレイ符号 (3.4 節) を割り当てたもので, 状態遷移表がほぼそのままカルノー図になっています. 表 4.3 (b) は, その S_1 と S_2 の割り当てを交換したものです. 同表は, カルノー図としてみやすいように, S_1 と S_2 の行のほうを交換してあります.

表 4.3 (a) から Y_2 を求めると, $Y_2 = xy_2'$ となります. すなわち, Y_2 は y_1 には依存しません. そのため順序回路は, 図 4.7 (a) のように, 直列に分解されます. 表 4.3 (b) では, それに加えて, $Y_1 = x \oplus y_1$ となっていて, Y_1 は y_2 に依存しません. そのため順序回路は, 図 4.7 (b) のように, 並列に分解されています (本章末の問題 4).

状態の分割に基づいて, このような分解が可能な状態割り当てを求める方法が知られています[1,5].

■ 状態割り当ての実際 ■

このように, 状態割り当ては, 状態変数間の依存関係を介して, 順序回路の複雑さに影響を与えます. しかし,「最適」な状態割り当てをみつけることは, 一般に困難です.

n 個の状態を必要最小限の k 個の FF の値で表現するとき, 本質的に異なる方法は, $(2^k - 1)!/(2^k - n)! \, k!$ 通りになります. たとえば $n = 4$, $k = 2$ では, $(2^2 - 1)!/(2^2 - 4)! \, 2! = 3$ 通りですので, そのすべてを試して, 回路が最小になる状態割り当てを求めることもできます. しかし, $n = 5$ では 140 通り, $n = 10$ では 27 億通りを超え, そのすべてを試すことは到底できません.

また, 必ずしも最小限の FF を用いたときに回路が最小化されるとも限りません. 7.2 節で述べるワン・ホット符号を用いて, n 個の状態を n 個の FF で表

表 4.3　異なる状態割り当て

(a) 状態割り当て A_0

$S(t):y_1y_2$	$S(t+1):Y_1Y_2, z$	
	$x=0$	$x=1$
S_0:00	S_0:00, 0	S_1:01, 0
S_1:01	S_3:10, 0	S_0:00, 0
S_2:11	S_0:00, 0	S_3:10, 1
S_3:10	S_3:10, 0	S_2:11, 1

(b) 状態割り当て A_1

$S(t):y_1y_2$	$S(t+1):Y_1Y_2, z$	
	$x=0$	$x=1$
S_0:00	S_0:00, 0	S_1:11, 0
S_2:01	S_0:00, 0	S_3:10, 1
S_1:11	S_3:10, 0	S_0:00, 0
S_3:10	S_3:10, 0	S_2:01, 1

(a) 状態割り当て A_0

(b) 状態割り当て A_1

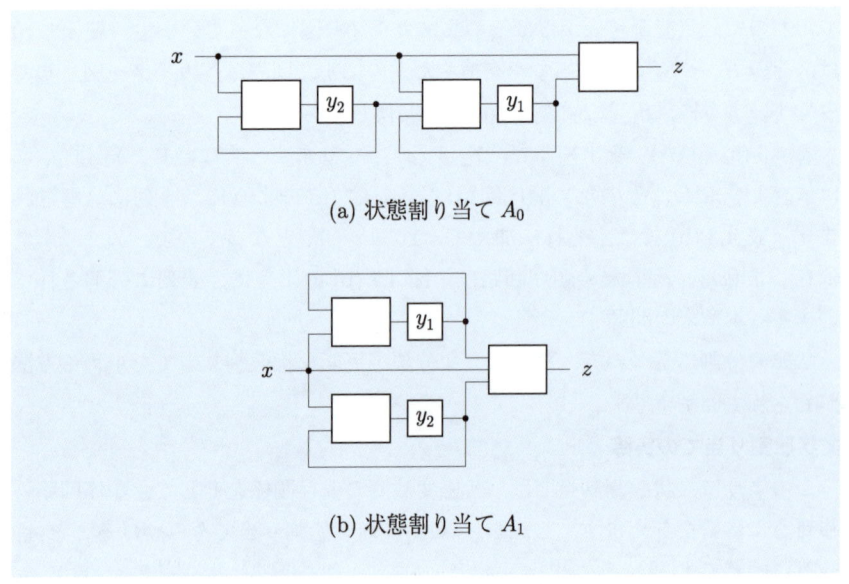

図 4.7　表 4.3 の状態機械の概略図

す方法も，一般的に用いられています．

現実には，最小の回路を求めることはあきらめて，与えられた仕様を素直に表現するほうが，設計やデバグが楽になることが多いのが実情です．

4 章の問題

- **1** 図 4.5 の状態遷移図で表される有限オートマトンを順序回路として設計せよ．

- **2** 最小化せよ．

- **3** 表 4.3 の状態遷移表に従って，状態遷移図を描け．

- **4** 表 4.3 (a), 4.3 (b) の状態遷移表に従って，順序回路を完成せよ．

5 ロジックの構成

　実在する回路によって論理回路を構成する方法をロジックといいます．まず，5.1 節で，さまざまなロジックについて述べ，ロジックが備えるべき基本的性質を明らかにします．

　5.2 ～ 5.4 節では，CMOS の電子回路的性質について触れ，ロジックを構成する上での CMOS の特徴について述べます．

> **5 章で学ぶ概念・キーワード**
> - ロジック
> - 半導体
> - MOS
> - CMOS

5.1 はじめに

前章までで述べてきた論理回路は，数学的なモデルであって，特定の「もの」を仮定しているわけではありません．電子回路では，論理回路を実現する方法のことを，○○**ロジック** (**logic**) といいます．ロジックには，**DDL** (Diode-Diode Logic)，**TTL** (Transistor-Transistor Logic)，**ECL** (Emitter-Coupled Logic)，そして，5.4 節以降で詳しく述べる **CMOS** などがあります．また最近では，低振幅で高速なインタフェース用に，**GTL** (Gunning Transceiver Logic)，**HSTL** (High-Speed Transceiver Logic)，**SSTL** (Stub Series Terminated Logic) など，さまざまな方式が実用化されています．

本節では，これらの電子回路によるロジックではなく，より簡単に想像できるロジックについてお話しします．これらのロジックの中には，あまり現実的でないものも含まれていますが，それらによってロジックというものの本質が明らかになると思います．

■ 電気スイッチと電球によるロジック ■

図 5.1 に，**スイッチ** (**switch**) と電球によるロジックを示します．入力は，スイッチを押せば 1，押さなければ 0 とします．出力は，電球がつけば 1，つかなければ 0 とします．

図 5.1 (a)/図 5.1 (b)では，2 つのスイッチがそれぞれ**直列** (**series**) /**並列** (**parallel**) に接続されています．そのため，図 5.1 (a)では，両方のスイッチが押されたときに電球がつきます．図 5.1 (b)では，いずれか一方，または，両

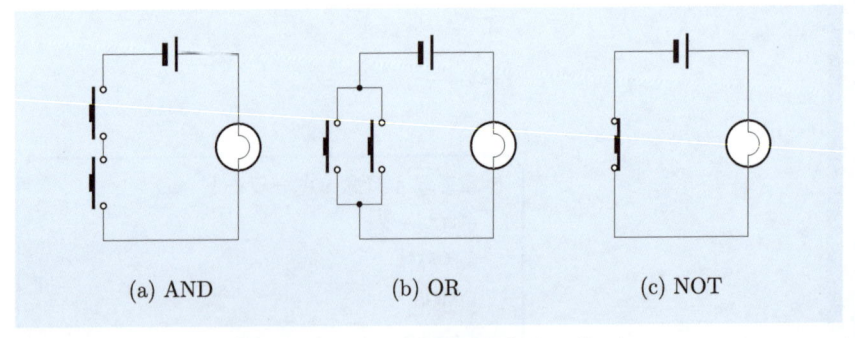

(a) AND (b) OR (c) NOT

図 5.1　スイッチと電球によるロジック

方のスイッチが押されたときに電球がつきます．図 5.1 (c) では，押すと切れるスイッチによって，NOT を実現しています．

AND/OR は，このように，スイッチの直列/並列接続によって実現されます．2.3 節では，日常的には XOR が普通であるのに論理回路では OR が用いられると述べました．また，2.2 節では，AND と OR の双対性について述べました．それらの理由はここにあります．

このロジックは，しかし，実際に使うことはできません．前段のゲートによって，後段のゲートを**ドライブ**（drive，駆動）することができないからです．電球がついたからといって，次のスイッチを押すことはできません．

▌機械式ロジック▐

そこで，図 5.2 に示す機械式ロジックを考えてみましょう．これらのゲートは，2 枚の板からなるケーシングに穴をあけて入出力のロッドを通したものです．ロッドが左にあれば 0，右に押されると 1 とします．図 5.2 (a) では，両方の入力ロッドが押されると，スプリングの力で出力ロッドが右に移動します．図 5.2 (b) では，どちらか一方の入力ロッドが押されると，出力ロッドも右に移動します．図 5.2 (c) では，入力ロッドが押されると，ロッカー・アームの働きによって，出力ロッドは左に移動します．

自転車のブレーキに使われているようなケーブルを用いて，あるゲートと次のゲートを接続すれば，前段のゲートによって後段のゲートをドライブすることができます．

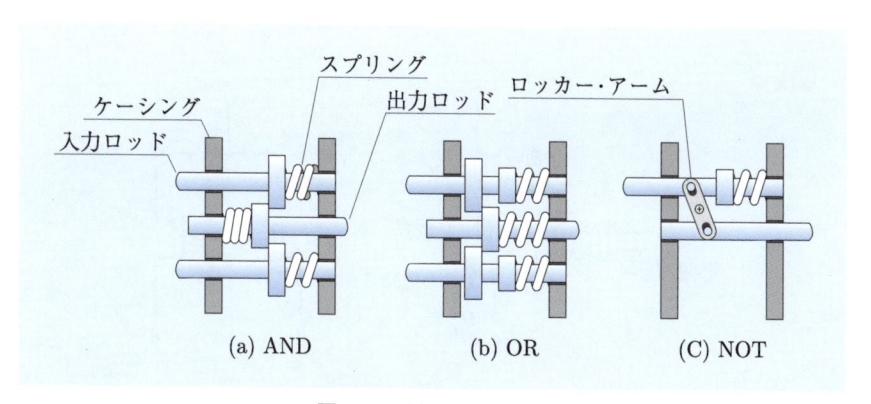

図 5.2　機械式ロジック

しかしこの機械式ゲート，とりあえず接続できなくもないですが，多段接続には限界があります．特にORゲートとNOTゲートで顕著ですが，出力ロッドは，入力ロッドを動かす力によって動かされています．これでは，多段に接続していくと，いずれ重くて動かせなくなってしまいます．

■ リレー式ロジック ■

リレー（relay，継電器）を用いれば，多段接続の問題を解決することができます．図5.3に，リレーの構造を示します．リレーは，入力に加えられた電圧によって開閉する電気スイッチです．入力に電圧が加えられると，電磁石の働きによって出力の接点が閉じます．

リレーでは，入力端子と出力端子は直接つながってはいません．このことを，入力と出力が「直流的に遮断されている」といいます．

以下，リレーのようなスイッチを，同図右のようなシンボルで表すことにしましょう．シンボルでも，入力と出力が直流的に遮断されていることが表現されています．

リレーは，小さい制御信号で大電力の装置を制御する目的で用いられます．たとえば，自動車のヘッド・ライトを考えてみましょう．ヘッド・ライト自体は何Aもの電流を消費します．そのON/OFFスイッチをドライバの手元に設置すると，何Aも流れる電線をそこまで配線しなければなりません．そこで，リレーをヘッド・ライトの近くに配置し，ドライバの手元のスイッチではリレーのON/OFFを制御するのです．すると，リレーをON/OFFするだけの小

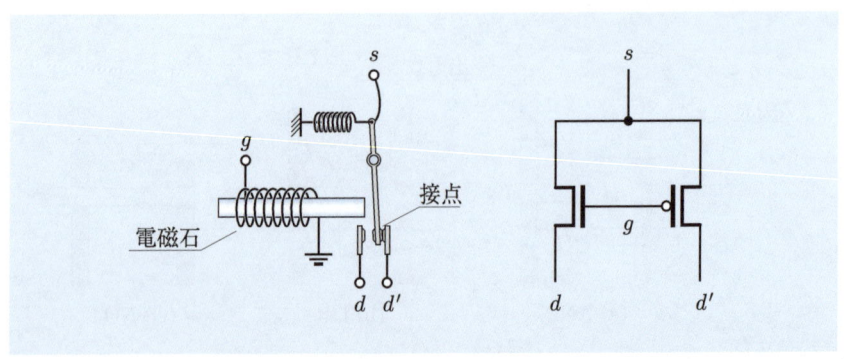

図 5.3　リレー

5.1 はじめに

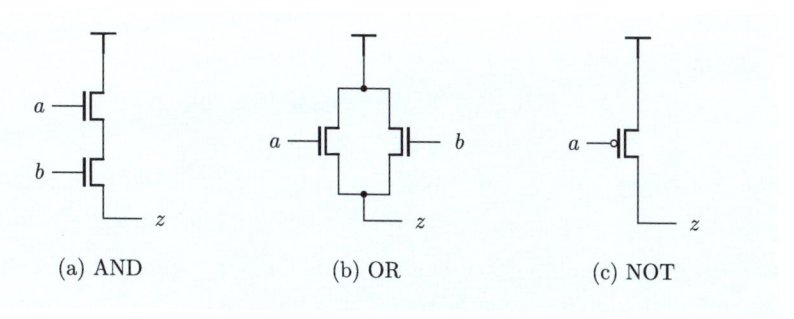

(a) AND (b) OR (c) NOT

図 5.4　リレーによる論理ゲート

さい電流でヘッド・ライトを点灯する大きな電流を制御することができます．小さい電流を流すと大きな電流が流れるので，リレーは増幅装置と考えることができます．

図 5.4 に，リレーによる論理ゲートの構成を示します．高電位（電源電位）を 1，低電位（接地電位）を 0 とします．

回路的には，図 5.1 に示した，スイッチと電球によるものと本質的には変わりありません．直列/並列接続が AND/OR に対応しています．電球では，電球がついたことによって後段のスイッチをドライブすることはできませんでしたが，リレーならリレーが ON になったことによって後段のリレーをドライブすることができるわけです．

また，リレーなら，いくらでも多段に接続することができます．後段のリレーをドライブするのは，前段の入力ではなく，前段の電源だからです．何段接続しても，信号が減衰することはありません．

🍵 リレー式計算機

実際，過去にはリレー式の計算機が実際に使われていた時期があります．富士通研究所には，当時実際販売されていた，リレー式のコンピュータ FACOM 138A が展示してあります．リレーは ON/OFF するときに「チャッ」という音がします．ひとつひとつが立てる音は大したことはありませんが，何百～何千個ものリレーが一斉に動き出すと，相当大きな音になります．ガシャガシャと音を立てながら計算する様は一見（一聞？）の価値ありです．

▌流体式ロジック▐

電気はよく水の流れにたとえられます．そこで，水などで動作する流体式ロジックを紹介します．流体とは，空気などの気体や水，油などの液体のことです．

図 5.5 に，流体スイッチであるスプール (spool) バルブを示します．スプールとは「糸巻き」のことです．外見が「糸巻き」に似ているので，スプール・バルブと呼ばれます．このスプールが，ケーシングの中に収められています．スプールが左にあるときは，a と x，b と y がそれぞれつながります．c はどこにもつながりません．右に移動すると，b と x，c と y がそれぞれつながります．このバルブは，リレーの場合と同様に，同図右のような回路図で表すことができます．

このスプール・バルブを図 5.6 のように接続すると，流体式ロジックを構成することができます．ポンプで加圧された高圧の作動流体を高圧タンクに蓄え，高圧ラインから高圧の作動流体をゲートに供給します．ゲートを動かした後の作動流体は，低圧ラインから低圧タンクに回収されます．なお，作動流体が大気圧程度の空気である場合には，低圧タンクと低圧ラインは省略して，使用後の空気は大気中に放出してもかまいません．

同図は，2 段の NOT ゲートを示しています．同図では a が低圧になっていて，1 段目のスプール・バルブではスプールが左にありますので，高圧ラインから z へ高圧の作動流体が流れ込みます．すると 2 段目のスプール・バルブでは，スプールが右に移動しますので，その出力は低圧ラインに接続されます．ここで，a が高圧になると，1 段目ではスプールが右に移動しますので，z にあった高圧の作動流体は低圧ラインから低圧タンクへと回収されることになります．すると z の圧力が下がるので，2 段目のスプールは，左に移動します．

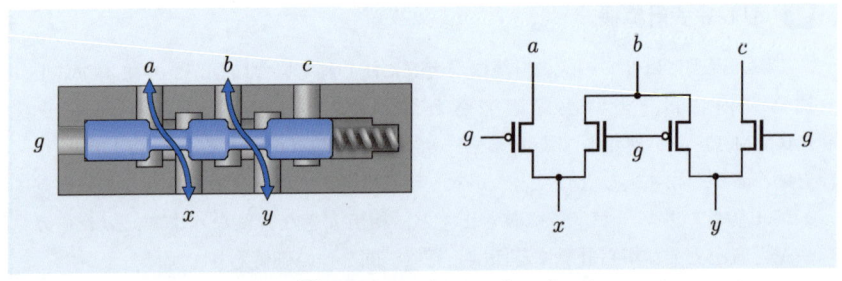

図 5.5　スプール・バルブ

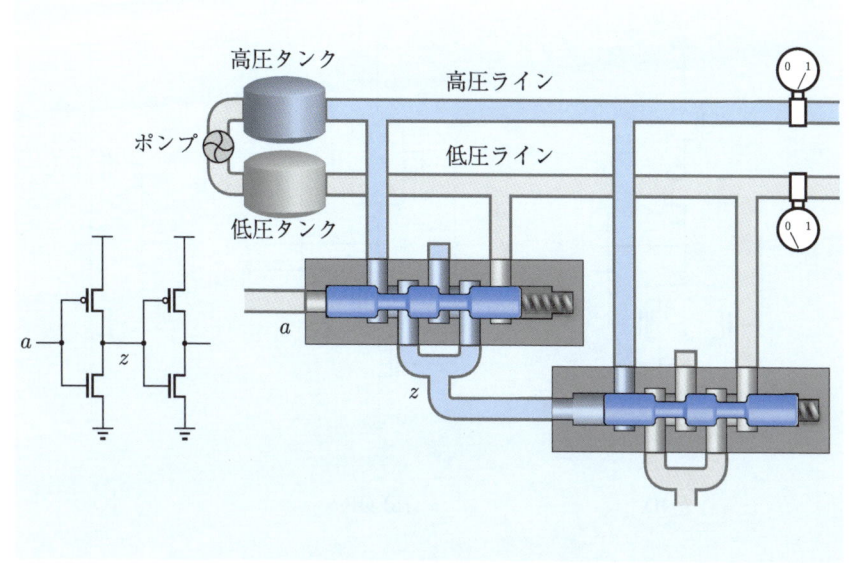

図 5.6　流体式ロジック

> **流体式計算機**
>
> 　電子制御化される前の自動車——AE86 の頃というと分かってもらえるでしょうか？——は，空気圧式の論理回路によってエンジンを制御していました．そのため，エンジンは，その回路の配線たるバキューム（真空）ホースによって覆われていました．
>
> 　ゲーム「サクラ大戦」には，「蒸気演算機」なるものが登場しますが，これは図 5.6 のようなものかもしれません（たぶん違います）．なお，現実に存在した「蒸気式計算機」は，蒸気機関によって歯車式計算機を回すものです．

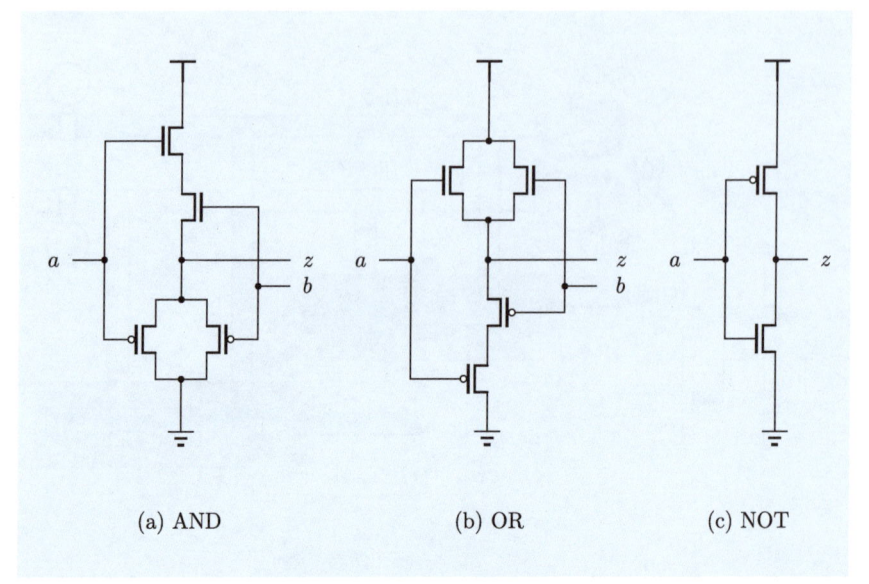

図 5.7　流体式論理ゲート

(a) AND　　(b) OR　　(c) NOT

　流体式の AND，OR，NOT ゲートを論理回路図で描くと，図 5.7 のようになります．高圧タンクは電源のシンボルで，低圧タンクはグラウンド（接地）のシンボルで，それぞれ代用しました．高圧側は，リレー式の回路図と全く同じで，直列接続すると AND，並列接続すると OR になります．低圧側はそれとは**相補的 (complementary)** になっています．すなわち，直列/並列接続がAND，OR ではちょうど逆になっています．このことによって，高圧側と低圧側のどちらか一方のみが出力に接続されることになります．もし高圧側と低圧側と出力が同時に接続されると，そこで「**ショート (short)**」して，作動流体が高圧タンクから低圧タンクに一気に流れてしまいます．

多段接続可能なスイッチ

　本節の議論から，ディジタル回路を構成するには，多段接続可能なスイッチが必要であることが分かります．
　スイッチとしては，以下のような条件が必要です：

(1) 前段のスイッチの ON/OFF によって，後段のスイッチを ON/OFF できること．

(2) 直列接続と並列接続が可能であること．
(3) 反転が可能であること．

前述した電気スイッチは，これらの条件を満たしています．1.1 節では，情報の記録・伝送では多値が可能だが，情報の処理では 2 値が基本になると述べました．それは，2 値がスイッチの ON/OFF に，AND/OR がスイッチの直列/並列に対応していて，3 値（以上）のスイッチが考えにくいからです．

さらに多段接続性に関しては，以下のような条件が必要です：

(4) 後段のスイッチをドライブする能力が，前段の入力からではなく，電源などから供給されること．

リレー式ロジック，流体式ロジックなどは，これらの条件をすべて満たしていますので，論理回路として問題なく使用することができます．前章までで述べてきた論理回路の理論は，これらの方式を用いた場合にも完全に当てはまります．

あとは，動作速度，大きさ，消費エネルギーなどの定量的な指標によって，優劣を競うことになります．そうした意味で，現代では，半導体でできたトランジスタが最も優れたスイッチであるので，もっぱらそれが使われているわけです．次節からは，半導体，トランジスタなどについて説明します．

5.2 半導体

■ 半導体 ■

半導体 (semiconductor) とは，電気の流れやすさが**導体 (conductor)** と**絶縁体 (insulator)** の中間くらいの物質のことです．中間といっても，「絶縁体を 0，導体を 1 とすると 0.5 くらい」という意味では**ありません**．

物質の電気の流れにくさは，**電気抵抗率 (electrical resistivity)** によって表すことができます．電気抵抗率の値は，導体は 10^{-6} 程度，絶縁体は $10^{12} \sim 10^{20}$ 程度であるのに対して，半導体は，その「中間」の，$10^0 \sim 10^5$ 程度になります．「中間」といっても，それぞれ百万倍以上違うのです．物質によってこれほど値が異なる物理量はほかにありません．

■ シリコン ■

半導体としては，**シリコン (silicon)** が代表的です．シリコンは，日本語では珪素．砂や岩の主成分で，地殻中には酸素に次いで豊富に存在する，極めてありふれた元素です．シリコンの単体には青灰色の金属光沢があり，見た目はほとんど金属です．

■ p 型，n 型 ■

半導体——たとえばシリコンの単体の電気抵抗率は，10^5 程度です．これは，金属などと比べると百万倍の十万倍ほども大きな値であり，ほとんど電気が流れません．工業的には，リンやホウ素などの不純物を加えて抵抗率を下げたものが使われます．不純物を加えることを**ドーピング (doping)** といいます．スポーツ選手に禁止薬物を与えるのと同じ単語です．

ドープする不純物の種類によって，**p 型 (p-type)** と，**n 型 (n-type)** になります．それぞれ，positive, negative の略です．

🍵 シリコンとシリコーン

ちなみに，シリコンというと豊胸手術などに用いられる柔らかいゴムのことと思う人が多いようですが，それはシリコーン (silicone) で，成分としてシリコンを含む樹脂のことです．

5.2 半導体

やや不正確な表現を許してもらえるなら，p型，n型は，以下のように説明することができます．n型は電子の「部屋」に対して電子が過剰な状態です．過剰な電子が自由に動いて電気を運びます．逆にp型は，電子の「部屋」に対して電子が不足気味の状態です．電子が隣から「空き部屋」に引っ越してくると，元いた部屋が「空き部屋」になります．これを繰り返すと，あたかも「空き部屋」が電子とは逆方向に動いていくようにみえます．この「空き部屋」のことを**正孔 (hole)** といい，正の電荷を持つ粒子のように考えることができます．正孔の電荷と電子の電荷は，絶対値が等しく，符号が逆になります．p型では，正孔が動いて電気を運ぶのです．電気を運ぶものを**キャリア (carrier)** といいますが，n型では電子，p型では正孔が主なキャリアになります．ドープする不純物の量を増やせば，キャリアの量が増え，それだけ抵抗値を下げることができます．

「空き部屋」のたとえからして，正孔のほうが電子より動きにくいことは想像できると思います．キャリアの「動きやすさ」は**移動度 (mobility)** という指標で表しますが，実際p型の移動度はn型の半分ほどになります．そのため，実際の回路は，できるだけn型が主体になるように設計されます．

▎p–n 接合▎

p型とn型の半導体を**接合 (junction)** することで，さまざまな有用な性質が生まれます．電気は，p→nの方向には流れやすく，n→pの方向には流れにくくなります．

pとnを接合した素子は，**ダイオード (diode)** といって，電気が一方向に流れる性質を利用して**整流 (rectification)** に用いられます．

前章で述べたスイッチには，2つの端子と，その間のON/OFFを制御する3つ目の端子があります．このような3端子の半導体素子を**トランジスタ (transistor)** といいます．トランジスタは，n–p–n，あるいは，p–n–pと接合した構造を持っていて，3つの端子はその各部分に当たります．次節からは，MOSというトランジスタについて述べます．

5.3 MOS

半導体を用いたスイッチの作り方にもいろいろありますが，現在ではディジタル回路のほとんどが **CMOS**トランジスタを用いたものになっています．CMOS とは，Complementary MOS の略で，**MOS**とは，Metal-Oxide-Semiconductor の略です．

■ MOS ■

MOS トランジスタには，半導体の p 型と n 型に合わせて，**p-MOS** と **n-MOS** があります．

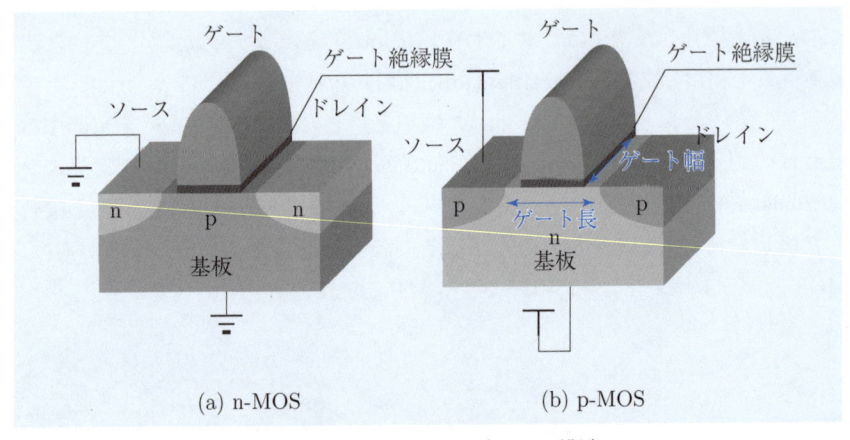

図 5.8 に MOS トランジスタの構造を示します．MOS トランジスタは**リソグラフィ (lithography)**，**エッチング (etching)**，**結晶成長 (crystal growth)** などの手法を用いて，半導体の**基板 (substrate)** の表面に微細加工されます．

まず，基板上に，**ゲート絶縁膜**，**ゲート電極 (gate electrode)** を成長させ，不純物のイオンを打ち込んで**ソース電極 (source electrode)** と**ドレイン電極 (drain electrode)** を作りこみます．

ゲート電極の長さと幅を**ゲート長 (gate length)**，**ゲート幅 (gate width)** といいます．ゲート長とゲート幅は，MOS トランジスタの性能を決める最も基本的なパラメタです．抵抗と同じで，ゲート長が短いほど，ゲート幅が広いほど，トランジスタの性能がよくなります．ゲート長は微細加工の精度によって

(a) n-MOS　　　　　　　　　(b) p-MOS

図 5.8 MOS トランジスタの構造

決まり,最新の LSI では,数十 nm ほどになります.ゲート幅は,要求される性能によって適当に長くとります.

MOS トランジスタは,**電界効果トランジスタ (field effect transistor, FET)** の一種で,ゲート–基板間にかけられた電界によって,ソース–ドレイン間の ON/OFF を制御します.

図 5.8 (a) に示した n-MOS の場合,ゲートに正電圧を加えてソース–ドレイン間の電流を制御します.電圧を加えない状態では,n → p → n となっているので,電流は流れません.ゲートに正電圧を加えると,電子が引き寄せられてゲート絶縁膜直下の基板が n 型に反転します.この部分を **n チャネル (n-channel)** といいます.n チャネルが形成されると,n → n → n となって電流が流れるのです.なお,n-MOS とは,n チャネル MOS の略です.

p-MOS では,n と p が反対になります.ゲートに負電圧を加えると,電子が追い払われてゲート絶縁膜直下の基板が p 型に反転し,**p チャネル (p-channel)** が形成されます.すると,p → p → p となって,電流が流れるわけです.

ソース,ドレインというのは,キャリアの「入口」と「出口」の意味です.n-MOS では接地側がソース,p-MOS では電源側がソースになります.

n-MOS ではゲート入力が高電位であるとき ON,p-MOS ではゲート入力が低電位であるとき ON になります.したがって,5.1 節で用いたのと同様のシンボルを用いて表すと,図 5.9 のようになります.

■スイッチとしての MOS■

MOS は,数 V 程度のわずかな電界によって,ソース–ドレイン間の抵抗率

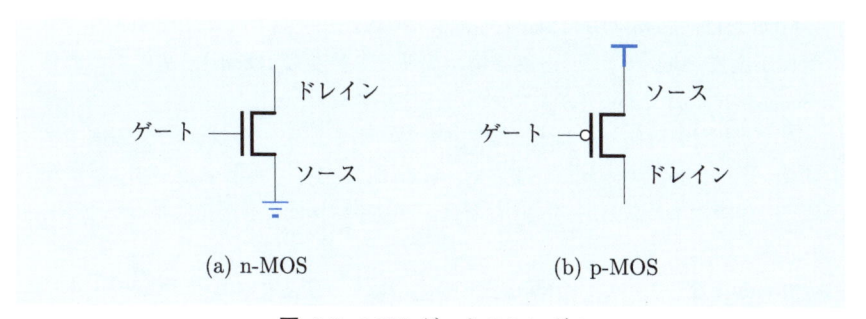

(a) n-MOS　　　(b) p-MOS

図 5.9　MOS ゲートのシンボル

を何桁にも渡って変化させることができます．5.1 節で述べたスイッチは，ロッド，リレーの電極，スプール・バルブなど，目にみえるほど大きなものを目にみえるほど長い距離動かしてスイッチングを行っていました．それに対して，MOS をはじめとする半導体のスイッチでは，目にみえないほど「小さい」電子を目にみえないほど短い距離動かしてスイッチングを行います．そのため，極めて高速にスイッチングを行うことができるのです．また，スイッチングに必要とされるエネルギーも極小です．

MOS トランジスタはスイッチとしてはかなり理想的なのですが，注意すべき点が 1 点あります．p-MOS は低電位を，n-MOS は高電位を，それぞれ効率よく伝えることができないのです．たとえば，n-MOS のドレイン電極を電源に接続した場合，ゲート電位が電源電位であったとしても，ドレイン端ではゲート–ドレインが同電位であるので電界が 0 になり，チャネルが消失してしまいます．この現象を**ピンチ・オフ (pinch-off)** といいます．このため n-MOS では，高電位を効率よく伝えることができません．p-MOS では，その逆に，低電位を効率よく伝えることができません．

次節で述べる CMOS は，n-MOS と p-MOS を相補的に用いることによって，この点に対処するものです．

☕ MOS という名前

MOS とは，Metal-Oxide-Semiconductor の略です．というのは，当初，ゲート電極が金属 (Metal)，ゲート絶縁膜がシリコン酸化膜 (Oxide)，基板が半導体 (Semiconductor) であったからです．

ただし，材料は時々の要求に応じて変わります．ゲート電極は，最近まで多結晶シリコンが用いられていました．最近では，ゲート絶縁膜はシリコン酸化膜より比誘電率の高い (high-k) 材料に，ゲート電極は再び金属に変わりつつあります．

M-O-S でなくなっても，MOS という名前はもう変えないようです．

5.4 CMOS

CMOS は，n-MOS と p-MOS を**相補的 (complementary)** に用いるロジックです．図 5.10 に，CMOS 論理ゲートを示します．同図は，5.1 節で述べた流体式ロジックとほとんど同じにみえます．実際，NOT は全く同じです．しかし AND と OR では，上下が逆転しています．n-MOS は高電位を，p-MOS は低電位を効率よく伝えることができません．そのため，出力に対して，n-MOS は接地側，p-MOS は電源側にしか配置できないのです．

その結果，図 5.10 (a) は AND ではなく NOR に，図 5.10 (b) は OR ではなく NAND になっています．2.3 節などで，NAND, NOR のほうが基本的であると述べましたが，それはこういった理由によります．

また，性能が悪い p-MOS が直列接続される NOR のほうが，並列接続される NAND より性能が悪くなります．

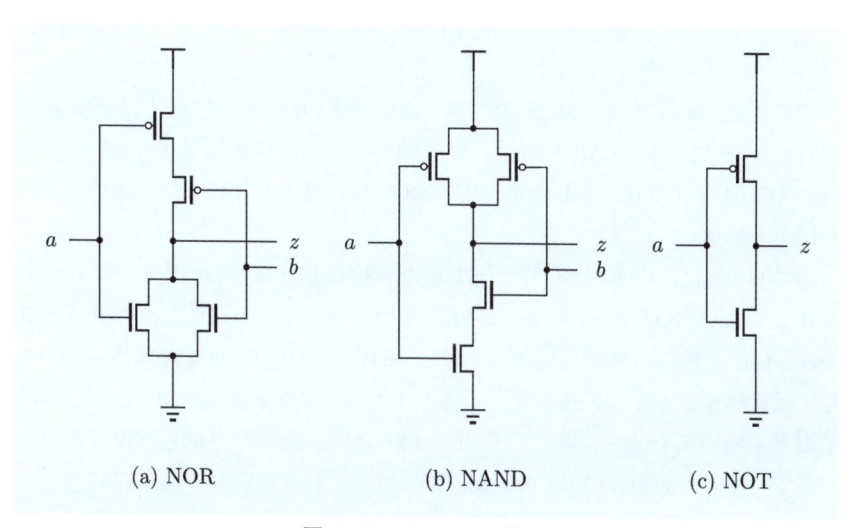

(a) NOR　　(b) NAND　　(c) NOT

図 5.10　CMOS ロジック

▌動作と消費電流 ▌

CMOS の動作の様子は，5.1 節で述べた流体式ゲートととてもよく似ています．作動流体を電荷，作動流体の圧力を電圧と読み替えれば，流体式ゲートの説明はほぼそのまま CMOS にも当てはまります．

図 5.11 (a) CMOS NOT ゲート　(b) 等価回路

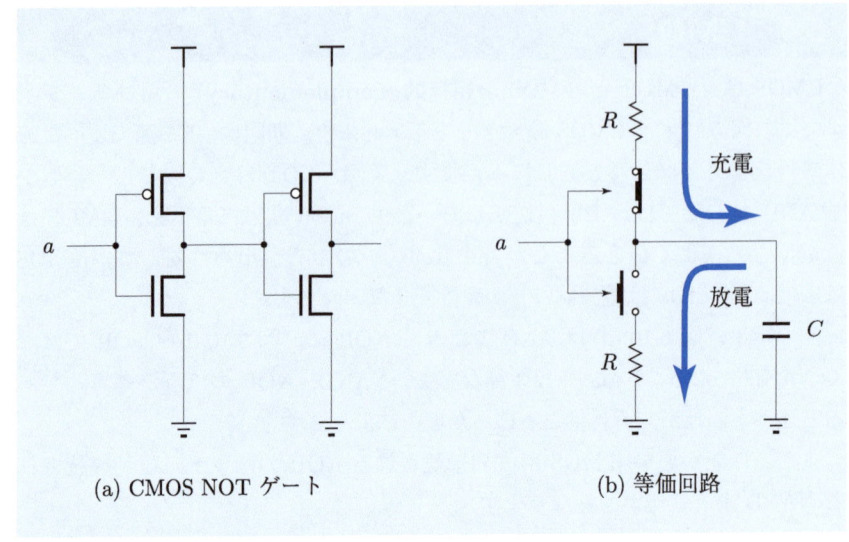

図 5.11　CMOS NOT ゲートの動作の様子

　前節で述べたように，MOS のゲート電極はそのほかの部分と直流的に遮断されています．また CMOS では，電源側と接地側が相補的になっていて，同時に ON になりません．したがって CMOS は，基本的には，直流電流が流れないようになっています．

　図 5.11 (a) に，CMOS NOT ゲートを 2 つ接続した場合の動作の様子を示します．なお，NOT ゲートは，このような文脈では，しばしば**インバータ** (**inverter**) と呼ばれます．MOS のゲート電極は，（半）導体で絶縁体——つまり，誘電体をはさんでいるので，一種のキャパシタを形成しており，相応の静電容量を持っています．また，最近の LSI では，配線の容量も無視できなくなっています．同図 5.11 (b) の等価回路には，それらを実際に容量 C のキャパシタとして描いてあります．1 段目のインバータからすると，この容量が駆動すべき**負荷** (**load**) になります．

　キャパシタは，1 段目のインバータの p-MOS 側が ON になると電源電位 V_{DD} まで充電され，n-MOS 側が ON になると接地電位 V_{SS} まで放電されます．このように，ゲートの出力が切り替わることを**スイッチング** (**switching**) といいます．スイッチングのたびに，負荷容量に対する充放電が行われ，そのたび

に $C(V_{DD} - V_{SS})^2$ のエネルギが消費されることになります.

　また，直流電流が流れないと述べましたが，スイッチングの瞬間には，わずかですが，p-MOS と n-MOS の両方が同時に ON になる時間があり，電源から接地に**貫通電流** (**through current**) が流れます.

　同じ半導体のロジックでも，過去によく使われた **ECL** や **TTL** などは，スイッチングしないときにも一定の電流を消費するものでした．それに対して CMOS では，基本的にはスイッチングの瞬間にしか電流が流れません．そのため CMOS は，ECL や TTL に比べて省電力になります．最近の LSI では，電力消費とそれにともなう発熱が最も重要な課題の 1 つとなっており，CMOS のこの性質はほかに代えがたいものとなっています.

　なお，これらのスイッチング時に流れる電流以外に，**リーク電流**（**leakage current**，漏れ電流）があります．最近では，LSI の微細化にともなって，リークによる電力消費も無視できなくなっています．CMOS は基本的には省電力なのですが，それでもまだまだというわけです.

■ CMOS の入出力特性 ■

　図 5.12 (a) に，CMOS インバータの**入出力特性** (**input-output characteristics**) 示します．出力は非線形 (non-linear) になっています．出力電圧は，中央で急峻に変化しています．出力が急峻に変化するときの入力の値を**閾値** (**threshold**) といいます．一方，両端では，出力電圧は緩やかに変化してい

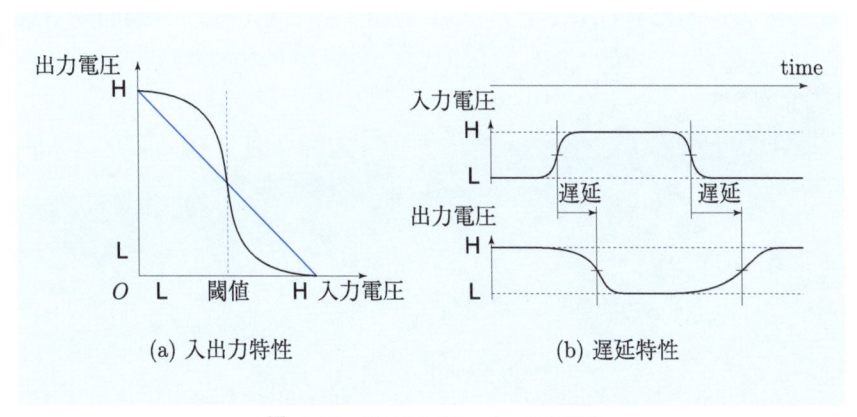

図 5.12　CMOS インバータの特性
(a) 入出力特性
(b) 遅延特性

ます．以下では，この高いほうの電位をH，低いほうの電位をLと表すことにします．このような電子回路を論理回路とみるときには，Hを1，Lを0とするわけです．

　この非線形性は，回路の動作にとって極めて重要です．もし，同図中青線で示したような線形 (linear) な特性を持っていたらどうでしょう？　ノイズなどの影響によって，あるゲートの入力がわずかに変化したとしましょう．各ゲートが線形な特性を持っていると，下流にあるすべてのゲートがその分だけ出力を変化させることになり，ノイズに対して「過敏」なシステムになってしまいます．一方，図 5.12 (a) のような非線形性を持っていれば，入力の変化が閾値にかからなければ，出力はほとんど変化せず，システムは適度に「鈍感」になるわけです．なお，このような性質は，5.1 節で述べたほかのロジックも備えています．

　同じ入出力の特性を，今度は時間軸に沿ってみてみましょう．それを，図 5.12 (b) に示します．各ゲートは，ある**遅延 (delay)** を持っています．遅延は，通常，同図に示すように，入力と出力がそれぞれHとLの中間の値になった時刻の差として計測します．一般に，$0 \to 1$ 遷移と $1 \to 0$ 遷移では，遅延は異なります．

　あるゲートの出力に接続される次段のゲートの数を**ファンアウト (fan-out)** といいます．ファンアウトが増えると，図 5.11 (a) に示したように，負荷容量が増大し，遅延もその分増加します．同じ大きさのインバータを 4 つ駆動するインバータを特に **F.O.4** と呼び，しばしばその遅延をもってその LSI の遅延を代表させます．最新の LSI では，F.O.4 インバータの遅延は数十〜数百 ps 程度になります．

5 章の問題

☐ **1** 5.1 節で述べた 4 つの条件を考慮して，本章で紹介した以外のオリジナルなロジックを考案せよ．

☐ **2** 5.4 節を参考に，演習 1 で考案したロジックの特性について考察せよ．

6 CMOS

本章では，3，4章で述べた理論にはなじまない，CMOS特有の性質について述べます．

> **6章で学ぶ概念・キーワード**
> - 複合ゲート
> - パス・ゲート
> - バス
> - ダイナミック・ロジック

6.1 複合ゲート

本節からしばらくは，CMOS に特有の構造について紹介します．これらは，3 章で述べた理論にはなかなか当てはまらないものです．

■複合ゲート■

図 6.1 に，図 2.5 (p.22) と同じ論理関数 $z = ab + cd$ を，CMOS で実現した場合の回路を示します．その反転，$z' = (ab + cd)'$ は，図 6.2 (a) のようにも実現することができます．同図のようなゲートを**複合ゲート** (complex gate) といいます．図 6.1 と図 6.2 (a) を比べると分かるように，複合ゲートを用いると，回路を大幅にコンパクトに作ることができます．

図 6.2 (b) に，複合 XOR ゲートを示します．

原理的には，いくらでも複雑な論理関数を単一の複合ゲートによって実現することができます．しかし実際には，直列に接続されるトランジスタの数が多くなりすぎると動作速度が低下しますので，適切な段数のゲートに分解する必要があります．

また実際には，すべてをユーザが自由に設計できる**フル・カスタム** (full custom) の LSI でなければ，任意の複合ゲートを用意することはできません．**スタンダード・セル** (standard cell) や**ゲート・アレイ** (gate array) といったセミ・カスタムの LSI では，ライブラリとして用意された標準的な複合ゲートから利用可能なものを選ぶことになります．

6.1 複合ゲート

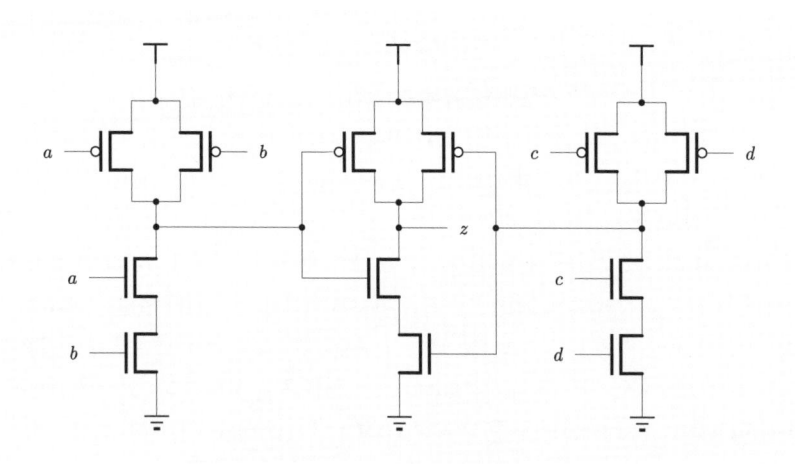

図 6.1 CMOS による $z = ab + cd$

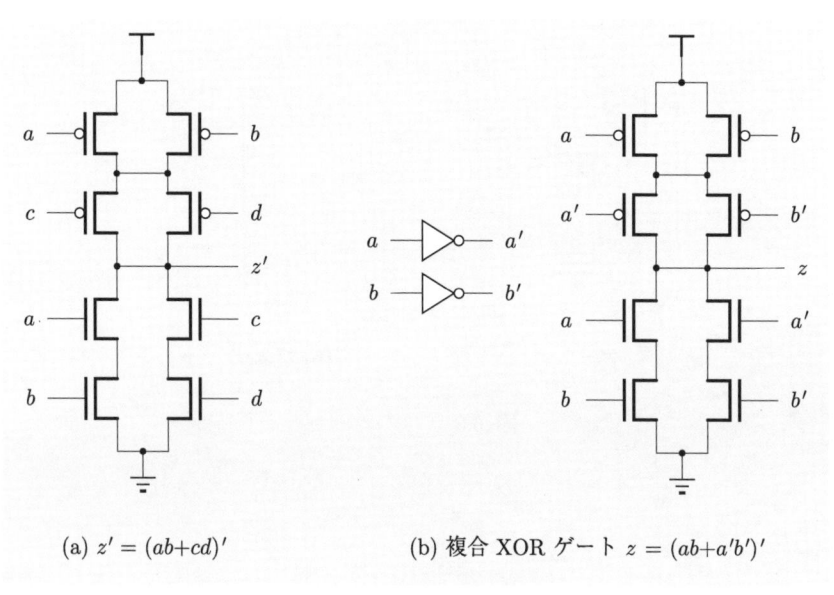

(a) $z' = (ab+cd)'$ (b) 複合 XOR ゲート $z = (ab+a'b')'$

図 6.2 CMOS 複合ゲート

6.2 パス・ゲート

5.1 節では，ロジックを多段接続するためには，後段の駆動能力が，前段の入力からではなく，電源（など）から供給されなければならないと述べました．しかし，節度をもって用いれば，前段の入力によって後段を駆動するようなゲートも役に立ちます．

図 6.3 (a) に，その好例を示します．6 節で述べたように，p-MOS は L を，n-MOS は H を，効率よく伝達することができません．この回路は，p-MOS と n-MOS で左右を接続したもので，H も L も伝達することができます．この回路は，CMOS **パス・ゲート (pass gate)**，**トランスミッション・ゲート (transmission gate)** あるいは，**トランスファ・ゲート (transfer gate)** といいます．パス・ゲートは，図 6.3 (b) のようなシンボルで表します．

制御入力 e が $e = L$ のときには，パス・ゲートの左右は直流的に遮断されます．パス・ゲートは，まさに，電気スイッチそのものです．

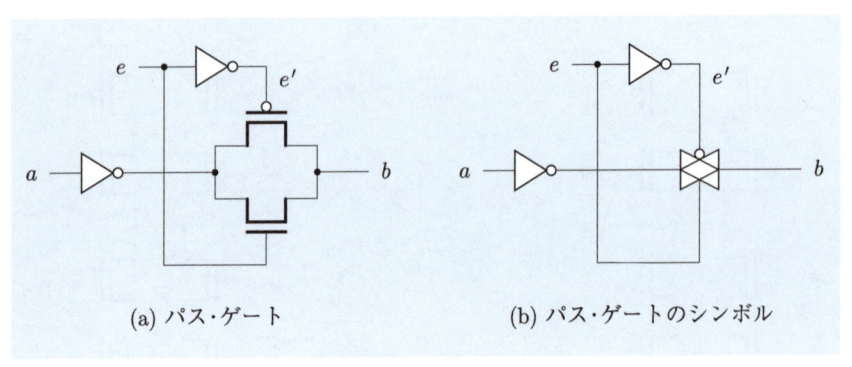

(a) パス・ゲート　　　　(b) パス・ゲートのシンボル

図 6.3　パス・ゲート

6.3 バ　ス

■フローティング■

電源や接地から直流的に遮断されたノードは，**フローティング** (floating, 浮遊)，**ハイ・インピーダンス** (high-impedance) といい，H, L と合わせて，Z, HiZ などと表します．これは，インピーダンスを Z で表すからです．また，H, L, Z (HiZ) の 3 種の出力を持つ回路を**スリーステート** (three-state, 三状態) といいます．

フローティング状態のノードの電位は，実際には，遮断される直前までに蓄えられた電荷によって決まります．

普通，ゲートの入力がフローティングになることは禁止されています．しかし，本節以降で詳しく述べるように，フローティング状態を積極的に利用する回路技術もたくさんあります．

■バス・バッファ■

フローティング状態を積極的利用するものの 1 つに**バス** (bus) があります．図 6.4 (a) は，バスを作るための回路で，**バス・バッファ** (bus buffer)，**バス・ドライバ** (bus driver)，あるいは，**スリーステート・バッファ** (three-state buffer) などと呼ばれます．バス・バッファは，図 6.4 (b) のようなシンボルで表します．

この回路は，**アウトプット・イネーブル** e が $e = 1$ のときには $z = d$ となりますが，$e = 0$ のときには p-MOS，n-MOS の両方が OFF となり，出力 z はフロ

(a) 回路図　　　　(b) シンボル

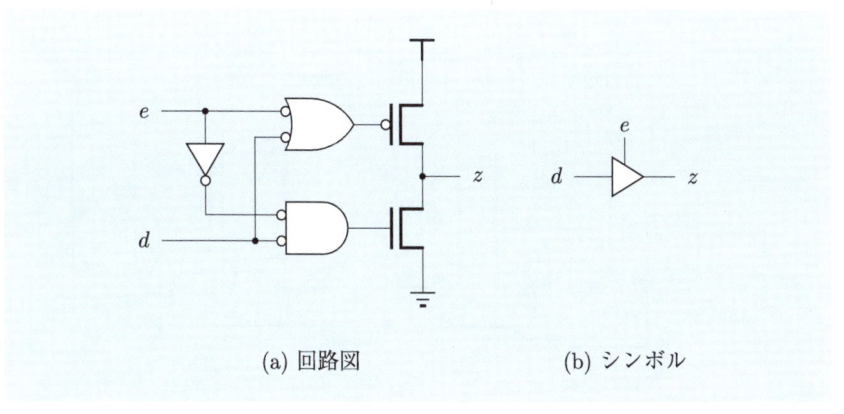

図 6.4　バス・バッファ

ーティングとなります.なお,この「○○イネーブル (enable)」は,○○するかどうかを制御する制御入力で,機能的なディジタル回路で非常によく使われます.

バスを用いると,n 対 n の通信を 1 本の配線で実現することができます.図 6.5 に,バスによる通信の様子を示します.これを **point-to-point** 接続にすると,$(n-1) \times n$ 本もの配線が必要になります.64 〜 128 本といったバンドル(束,p. 101 参照)の場合,その差はますます顕著になります.

バスを使うにはまず,**アービタ (arbiter)** によってバスの使用要求 (request) の**アービトレーション (arbitration**,調停) を行います.要求を認められた (grant) モジュールはバス・バッファをイネーブルして,送信を開始します.

通信を行わない場合にはどのバス・バッファもイネーブルされません.このときバスがフローティングになることを避けるため,通常,抵抗を介して電源に接続します.このことを,**プルアップ (pull-up)** といいます.バス・バッファの出力が $1 \to 0$ へと遷移するときには,n-MOS が放電するのをプルアップが邪魔をすることになります.そのため,抵抗は大きめのものを選びます.接地に接続する**プルダウン (pull-down)** としないのは,p-MOS より n-MOS のほうが性能がよいからです.抵抗値が同じなら,プルダウンに抗して p-MOS が $0 \to 1$ に充電するより,プルアップに抗して n-MOS が $1 \to 0$ に放電するほうが高速になります.

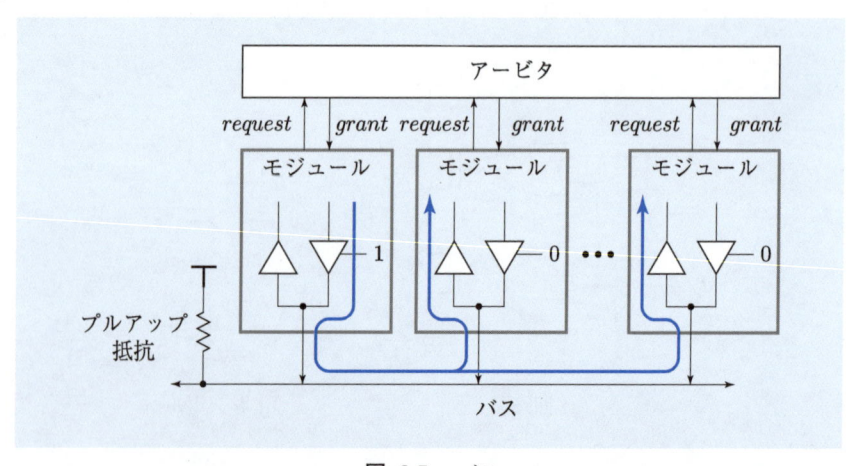

図 6.5 バス

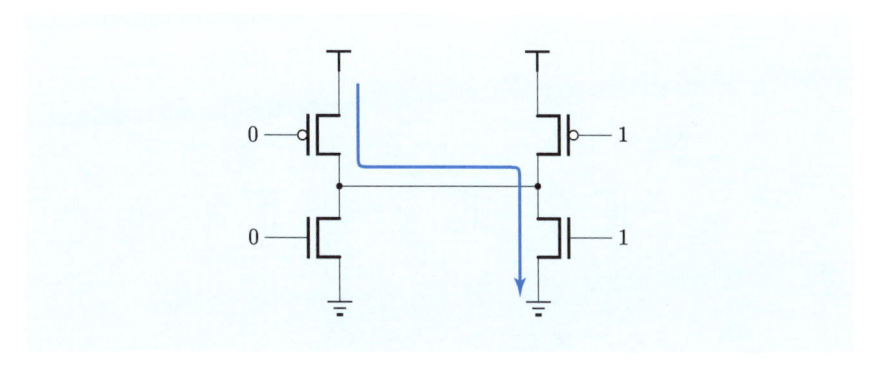

図 6.6　バスの衝突

複数のバス・バッファが同時に ON になることを**衝突 (contention)** といいます．衝突は，深刻なエラーです．図 6.6 に，衝突の様子を示します．衝突が発生した状態で，あるバッファが 1，別のバッファが 0 を出力した場合，1 を出力するバッファの p-MOS と 0 を出力するバッファの n-MOS が ON になります．すると，電源と接地がショートして，大電流が流れます．その結果，バスの値が不定になるほか，最悪，回路の破壊に至ります．このことは，バス・バッファではない通常のゲートの出力同士を接続してしまった場合も同様です．

　LSI チップ間を接続する場合には，配線数を増やしづらいので，バスは特に有効です．しかし，複数接続されたピンのそれぞれで信号の反射が起こるので，伝送線路としての特性が悪く，高速伝送には向きません．そのため最近では，チップ間であっても，point-to-point の接続を用いることが多くなっています．

■オープン・ドレイン■

　バスとよく似たものに，**オープン・ドレイン (open drain)** があります[1]．オープン・ドレインのバッファは，図 6.7 に示すように，NOT ゲートの p-MOS を省いたものです．オープン・ドレインのバッファを用いると，p-MOS がないので，衝突を起こしたとしてもショートすることがありません．その一方で，0 → 1 遷移はプルアップ抵抗に頼ることになるため，高速動作には向きません．

---

[1] **バイポーラ・トランジスタ**の場合には，**オープン・コレクタ**といいます．

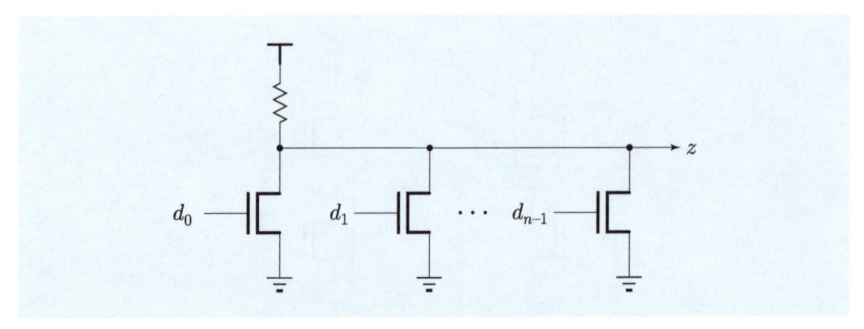

図 6.7 オープン・ドレイン

そのため，CMOS バス・バッファの代わりにオープン・ドレインのバッファを用いることは稀です．オープン・ドレインは，むしろ，多入力の OR を構成するために用いられます．図 6.7 に示すように，複数のオープン・ドレイン・バッファの出力同士を接続すると，入力のいずれかが H になると出力線は L になります．すなわち，出力線上には各入力の NOR が得られるわけです．これは，**wired-OR** といって，多入力の OR を低コストで構成することができます．

6.4 ダイナミック・ロジック

CMOS に特有の，コンパクトで高速なロジックとして，**ダイナミック・プリチャージ・ロジック** (dynamic precharged logic) があります．ダイナミック・プリチャージ・ロジックの中では，特に，**ドミノ・ロジック** (domino logic) が代表的です．

▌ドミノ・ロジック ▐

ドミノ・ロジックは，その名の通り，ドミノ倒しのように動作します．ドミノが倒れると 1，倒れなければ 0 とします．前段のドミノが倒れると，後段のドミノは，それが表す論理演算に従って，倒れたり倒れなかったりします．たとえば，AND を表すドミノは前段のドミノが全部倒れたら，OR を表すドミノは前段のドミノのいずれかが倒れたら，倒れます．最終段のドミノが倒れたか倒れなかったかによって，関数全体の出力が決まります．

1 回評価するだけならこれで OK ですが，再び評価を行うには，倒れたドミノを元に戻さなければなりません．ダイナミック・プリチャージ・ロジックの**プリチャージ** (precharge) とは，この元に戻す操作に当たります．ダイナミック・プリチャージ・ロジックは，**プリチャージ期間** (precharge period) と**評価期間** (evaluation period) を繰り返して演算を行うのです．

これに対して，前節まで述べてきた，いつでも評価ができるロジックは**スタティック・ロジック** (static logic) といいます．

図 6.8 に，ドミノ・ロジックの $z = ab + cd$ の回路図を示します．説明のため，同図は AND 2 ゲートと OR 1 ゲートの 2 段によって構成されていますが，図 6.2 (a) に示した複合ゲートのように 1 段で構成することもできます．

▌プリチャージ ▐

$pchg'$ が $pchg' = 0$ のとき，各段の p-MOS プリチャージ・ゲートによってノード p, q, r に対してプリチャージが行われます．このとき，1 段目のゲートでは，foot と記した n-MOS が OFF になりますので，入力 a, b, c, d が 1 であっても，チャージする電荷は漏れません．プリチャージが行われると，各ゲートの出力に付けられた NOT ゲートによって，出力は 0 になります．そのため，2 段目（以降）のゲートでは，foot がなくてもチャージされた電荷が漏れることはありません．

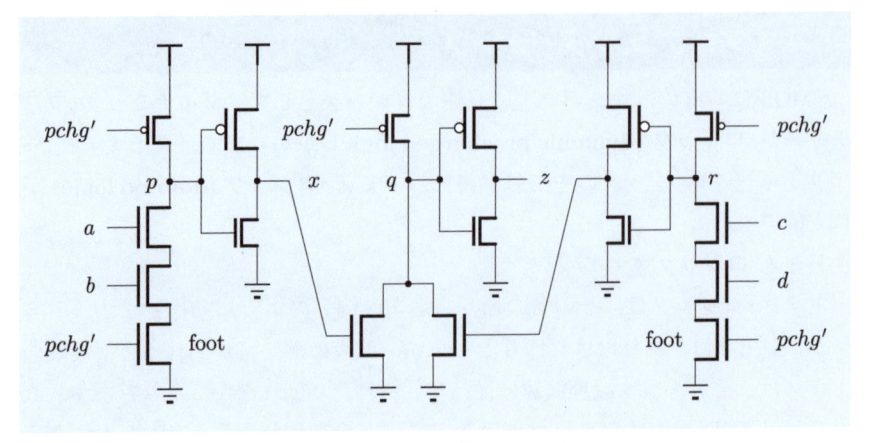

図 6.8　ドミノ・ロジック $z = ab + cd$

■**評価**■

評価期間になって $pchg'$ が $pchg' = 1$ になると，ノード p, q, r はフローティングになりますが，蓄えられた電荷のため電位は H のまま保たれます．

ここでいくつかの n-MOS が ON になると，プリチャージされた電荷が**放電**(**discharge**) されます．たとえば，$a = b = 1$ であった場合，ノード p の接地側の n-MOS がすべて ON になり，p の電荷が放電されます．NOT ゲートによって，1 段目の出力 x は $x = 1$ になります．すると，同様に 2 段目の q の電荷が放電されて，出力は z は $z = 1$ になります．

■**ドミノ・ロジックのメリット，ディメリット**■

5.2 節で述べたように，p-MOS は，n-MOS に比べて 2 倍ほど性能が悪いので，通常 n-MOS よりゲート幅を 2 倍ほど大きくしてバランスをとります．そのため，回路面積のうち，p-MOS が 2/3 ほどを占めることになります．

ダイナミック（ドミノ）ロジックは，性能の悪い p-MOS を省略できるため，通常のスタティック・ロジックに比べて，以下のようなメリットがあります：

- p-MOS が不要になるため，回路面積が最大で 1/3 ほどになる．
- スタティックでは，現段のゲートは次段のゲートの p-MOS ゲートと n-MOS ゲートをドライブする必要があるが，ダイナミックなら n-MOS ゲートだけでよい．入力負荷容量も最大で 1/3 になる．
- p-MOS が直列に接続されることになるため，スタティックでは多入力の OR

ゲートを作ることが難しい．ダイナミックなら容易である．

このように，ダイナミック（ドミノ）ロジックは，スタティックに比べて，コンパクトで高速な回路を構成することができます．

その一方で，スタティック・ロジックに比べて，以下のようなディメリットもあります：

- プリチャージを正しく行うため，NOT を含めることができない．

    NOT を含めるためには，たとえば a を計算する回路と a' を計算する回路を別々に用意する，**二線式 (two-rail)** ロジックにする必要があります．二線式ロジックは，11.2.1 でふたたび登場します．

- 最低動作周波数がある．

    評価期間が長すぎると，n-MOS が ON にならなくても，電荷の漏れによってスイッチングしてしまうことがあります．ただしこのことは，**keeper** というトランジスタを設けることによって防ぐことができます．

- 消費電力が多くなることがある．

    スタティックではスイッチングが起こらなければ電力を消費しませんが，ドミノではゲートの評価結果が 1 であると電力を消費します．たとえば，二線式ロジックでは，評価するたびに必ずどちらか一方が電力を消費することになります．そのため，関数と使用状況によっては，消費電力が多くなることがあります．

このように，やや使いづらいところがあるため，ダイナミック・ロジックは，汎用品や，フル・カスタムの LSI において，特に高い性能を求められる部分に用いられます．

6 章の問題

☐ **1** 図 6.1,図 6.2 (a),図 6.8 に示した,$z = ab + cd$,もしくは,$z' = (ab + cd)'$ を実現する回路の回路面積を評価せよ.ただし,p-MOS トランジスタは,n-MOS トランジスタの 2 倍の面積を占めるものとする.

☐ **2** 6.4 節で述べた CMOS ダイナミック・ロジックを参考に,5.1 節で述べた機械式ロジックをダイナミック・ロジック化する方法について考察せよ.

7 機能的な組み合わせ回路

本章では,セレクタ,デコーダ,エンコーダといった機能的な組み合わせ回路について述べます.

7章で学ぶ概念・キーワード
- 符号
- セレクタ
- デコーダ
- エンコーダ

7.1 はじめに

3 章で述べた方法を用いれば，原理的には，任意の組み合わせ回路を構成することが可能です．しかし，回路が大規模な場合，その全体を 1 つの関数として記述し，それを簡単化することは現実的ではありません．

実際には，大規模な回路は，設計——デザインによって得られるものです．

本章で述べるような機能的な組み合わせ回路は，その際のビルディング・ブロックとしての役割を果たします．

☕ 74 シリーズ

74 シリーズ (**74 series**) とは，1970 年代に，**Texas Instruments** (TI) 社が発売した**標準ロジック IC** (**standard logic IC**) **ファミリ**です．74 シリーズは，ほとんどすべての半導体ベンダが，同じ名前でその互換品を発売しました．そのため，型番さえ同じであれば，どの会社の製品であるか気にすることなく使用することができました．たとえば，7400 といえば，どの会社の製品であっても，NAND ゲートが 4 個入っています．74 シリーズは，いわゆる**デファクト・スタンダード** (**de facto standard**) のはしりといえるかもしれません．

現在では，このような小さい IC を実際に使うことは稀です．しかし，その影響は，ディジタル回路設計におけるライブラリとして残っています．

本書でも，7.5 節で述べるデコーダ，7.6 節で述べるエンコーダは，それぞれ，74139，74148 を参考にしました．

7.2 符号

■バンドル■

実際の論理回路設計では，8，16，32，64 本といった本数の信号線をひとまとまりにして数値などを表すことがよくあります．複数本からなるひとまとまりの信号線を**バンドル** (bundle, 束) といいます[1]．

本書では，Verilog HDL や VHDL などの主要な**ハードウェア記述言語** (hardware description language, HDL) に合わせて，n 本の信号線からなるバンドルを $a[n-1:0]$ のように表すことにします．

■符号■

数値から 0/1 のパターンへの写像のことを**符号** (code) といいます．

符号には，さまざまなものが考えられます．

最も基本的なものは，n 本からなるバンドル $a[n-1:0]$ を n 桁の二進数とみなすものです．これを，**二進符号** (binary code) といいます．

最も単純なものとして，同じく n 本からなるバンドル $a[0:n-1]$ に対して，$a[i]$ $(0 \leq i < n)$ のみを 1，そのほかを 0 として，i を表すことが考えられます．たとえば，$a[0:3] = 0010$ は 2 を表します．これを**ワン・ホット符号** (one-hot code) といいます

n 本からなるバンドルによって，二進符号では 2^n 個の数値を表すことができますが，ワン・ホット符号では n 個の数値しか表すことができません．しかし，表すべき数値の個数が少ない場合には，ワン・ホット符号を用いると回路を劇的に小さくできることがあります．

二進符号とワン・ホット符号は，**トゥリー** (tree, 木) を介して，互いに深い関係があります．次節から述べる機能的な組み合わせ回路では，この性質をうまく利用しています．

■そのほかの符号■

この分野でよく使われる符号としては，3.4 節で触れたグレイ符号や **BCD**

---

[1] **バス** (bus) ということもありますが，表現としては不正確です．バスには，複数の発信源からの信号が流れる信号線としての意味がより重要であり，実際「シリアル（1 本の）バス」という言葉もあります．したがって，単に複数からなることを表すには，バンドルというほうが正確です．

(Binary Coded Decimal) などがあります．

バンドルに写像する場合には，符号は固定長になります．通信やデータ圧縮などの分野では，**ハフマン符号** (**Huffman code**) をはじめとする可変長の符号が重要になります．

☕ BCD

BCD とは，二進数を 4 桁ごとに区切って，二進 4 桁で十進 1 桁を表す方法です．4 桁の二進数で表される零〜十五のうち，零〜九のみを用いて 1 桁の十進数を表します．たとえば，0010 0111 は，二十七を表します．

BCD は，4 桁の二進数で表される零〜十五のうち，零〜九のみしか用いません．そのため，二進符号に比べ効率はかなり悪くなります．人間の世界では十進数が普通であるのにコンピュータの内部で二進符号が普通であるのは，この効率の差のためです．

しかし，二進符号で小数を計算すると，十進数で計算した場合との誤差が生じる場合があります．たとえば，二進数では，$(0.1)_{10}$ を正確に表すことができません．$(0.1)_{10}$ は，二進数では $(0.00011001100\cdots)_2$ になります．これを十進数に戻すと $(0.0999999046\cdots)_{10}$ となり，ちょっと無視できない誤差が生じてしまいます．そのため，金利を正確に計算する場合などには，十進数で計算することは不可欠です．税計算などでは，十進数で計算を行うように法律で定められていることがあるそうです．

過去には BCD を直接扱えるコンピュータがありましたが，近年では，コンピュータを簡単化するために BCD はいったん廃れました．十進数の計算はソフトウェアで実現すればよいと考えられたためです．ところが最近，IBM 社の POWER6 プロセッサでは，BCD を直接扱う命令を復活させました．ソフトウェアで十進数を扱うより，2 〜 7 倍も高速になるそうです．

7.3 データ線と制御線

次節からは,実際に機能的な組み合わせ回路についてみていきます.その前に本節では,ディジタル回路の読み方のコツを紹介します.

2 入力 AND, OR, XOR ゲートの 2 つの入力は,等価で,区別がありません.しかし,実際の回路設計では,一方がデータを運ぶ**データ線** (data line),もう一方がそのデータの流れを制御する**制御線** (control line) の役割を果たすことが多々あります.

このような場合には,図 7.1 のように考えると回路が読みやすくなります:

- **AND** 制御入力 g が $g=0$ のとき,出力 z はデータ入力 d の値に関わらず $z=0$ となります.$g=1$ のときには,z は d に等しくなります.つまり,AND ゲートは,$g=1$ のときには d を通し,$g=0$ のときには d を通しません.
- **OR** AND と双対であるので,$g'=0$ のとき d を通し,$g'=1$ の場合には d を通しません.
- **XOR** 制御入力 i が $i=0$ のときデータ入力 d をそのまま通し,$i=1$ の場合には,d を反転して通します.

AND ゲート,OR ゲートは,まさに,信号を遮断する門（ゲート）として機能しているわけです.このことを,**ゲーティング** (gating) といい,制御入力 g を**ゲート・イネーブル** (gate enable) といいます.ちなみに,日本語で門というと閉じるためにあるもののように思いますが,gate はイネーブルされると開くようです.

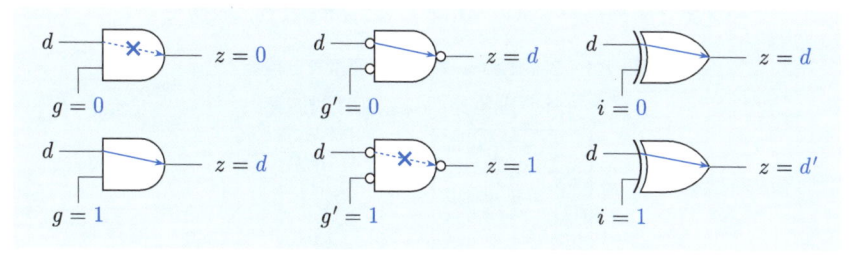

図 7.1 データ線と制御線

7.4 セレクタ

セレクタ (selector) は，機能的な組み合わせ回路のうちで最も基本的なものの1つです．セレクタは，その名の通り，2つ（以上）の入力から1つを選んで出力します．セレクタは，また，データ・セレクタ，**マルチプレクサ** (multiplexer) とも呼ばれます．マルチプレクサは，しばしば **MUX** と省略します．

7.4.1 2-to-1 セレクタ

2入力のセレクタは，しばしば **2-to-1 セレクタ** (2-to-1 selector) といわれます．

表 7.1 (a) と表 7.1 (b) に，2-to-1 セレクタの真理値表と機能表を示します．2-to-1 セレクタには，2つのデータ入力 a, b と，1つの選択入力 s があり，出力 z は，$s=0$ のとき $z=a$, $s=1$ のとき $z=b$ となります．**機能表** (function table) は，真理値表を変形したものです．このような機能的な回路の場合，やや厳密さに欠けるきらいはありますが，機能表のほうが回路の動作が把握しやすいことが分かると思います．なお，実際のディジタル回路の仕様書などに記載の機能表では，0, 1, ϕ の代わりに，L, H, X が用いられることが多いようです．X はまた，（出力が）不定という意味にも用いられます．

図 7.2 (a) に，2-to-1 セレクタの回路図を示します．2-to-1 セレクタは，基本的には，2つの2入力 AND ゲートの出力を，2入力 OR ゲートの入力のそれぞれにつないだものです．AND ゲートの入力の一方には，a, b を，残りの入力には，s' と s をそれぞれ接続します．

図 7.2 (b) に，$s=0$ のときの 2-to-1 セレクタの動作を示します．7.3 節で述べた，データ線と制御線の考え方を用いると，次のように説明できます：

表 7.1 2-to-1 セレクタの真理値表と機能表

(a) 真理値表

s	a	b	z
0	0	ϕ	0
0	1	ϕ	1
1	ϕ	0	0
1	ϕ	1	1

(b) 機能表

s	z
L	a
H	b

7.4 セレクタ

(a) 2–to–1 セレクタの回路図   **(b) 2–to–1 セレクタの動作**

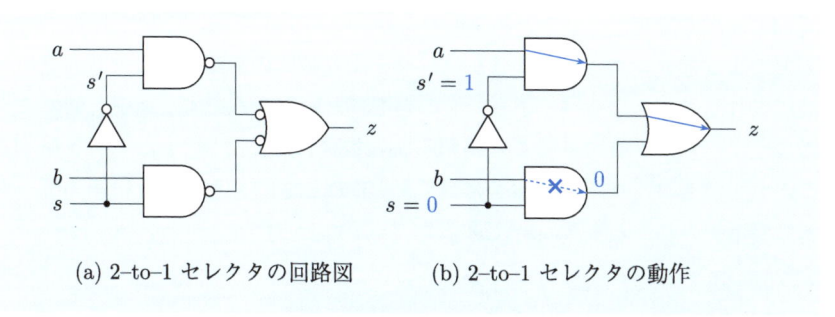

図 7.2　2-to-1 セレクタ

> $s = 0$, $s' = 1$ のとき，a 側の AND ゲートは a を通しますが，b 側の AND ゲートは b を通しません．b 側の AND ゲートは 0 を出力するので，OR ゲートは a を通すことになります．$s = 1$ の場合には，同様にして，b が通されることになります．

■ **パス・ゲートを用いたセレクタ** ■

図 7.3 に，パス・ゲート（6.2 節参照）を用いた反転出力 2-to-1 セレクタの回路図を示します．同図の回路では，2 つの入力にパス・ゲートが用いられていますが，選択入力 s によっていずれか一方が ON になりますので，NOT ゲート N_z の入力 z' がフローティングになることはありません．

パス・ゲートを用いたセレクタは，先に示したような NAND ゲートで構成したセレクタよりコンパクトで高速であるため，一般的に用いられています．

■ **セレクタのシンボル** ■

セレクタのような頻繁に表れる回路を，いちいち AND，OR，NOT で描い

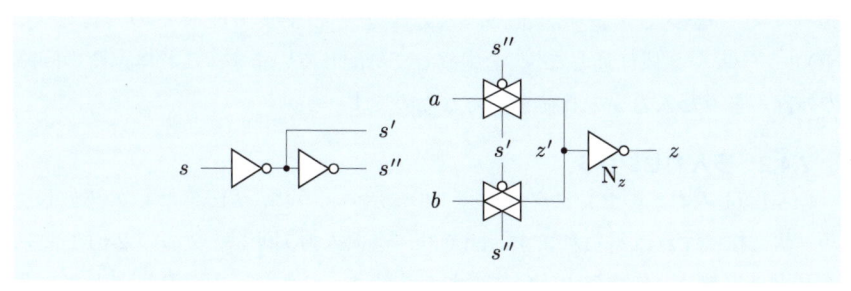

図 7.3　パス・ゲートを用いた反転出力 2-to-1 セレクタ

ていては大変です．そこで，図 7.4 のようなシンボルを用いて表します．

どのようなシンボルを用いるかは，ほとんど趣味の範疇です．セレクタは頻繁に表れるので，なるべく小さいものを選びたいところです．図中右側の 2 つのように，セレクタであることが明らかな場合には，a，b，s などを省略することもしばしばです．その場合には，$s = 1$ のときに s 入力に近い側のデータ入力が選択されるとするのが普通です．

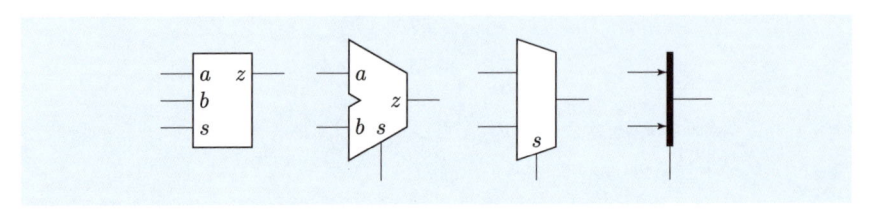

図 7.4　セレクタのシンボル各種

▌多 bit のセレクタ ▌

図 7.5 に，4 bit（幅）の 2-to-1 セレクタ (4-bit(-wide) 2-to-1 selector) を示します．

図中，$a[3:0]$，$b[3:0]$，$z[3:0]$ は，4 bit からなるバンドルです．バンドルは，太い線で表します．バンドルからその一部を取り出すには，**リッパ (ripper)** というシンボルを用います．シンボルの脇の数字は，取り出すビットの番号を表しています．

セレクタに限らず，n bit の回路の多くは，1 bit の回路を n 個，単に並べるだけで構成できます．ただし，わずかですが，最適化の余地はあります．図 7.5 の場合だと，選択入力 s から s' を生成する NOT ゲートは，4 bit 分で共有することができます．また，入力 s をそのまま分配するのではなく，NOT ゲートを 2 段に通した s'' を生成して分配しています．これは，この回路の外部からみた入力 s の負荷を抑えるためです．

7.4.2　多入力セレクタ

4-to-1（4 入力）のセレクタは，図 7.6 に示すように，2-to-1 セレクタをトゥリー状に接続すれば得られます．図では，選択入力 $s[0]$ は，2 つの 2-to-1 セレクタを「串刺し」にするように描かれています．これは，2 つの 2-to-1 セレクタの選択入力の両方に $s[0]$ を接続するという意味です．

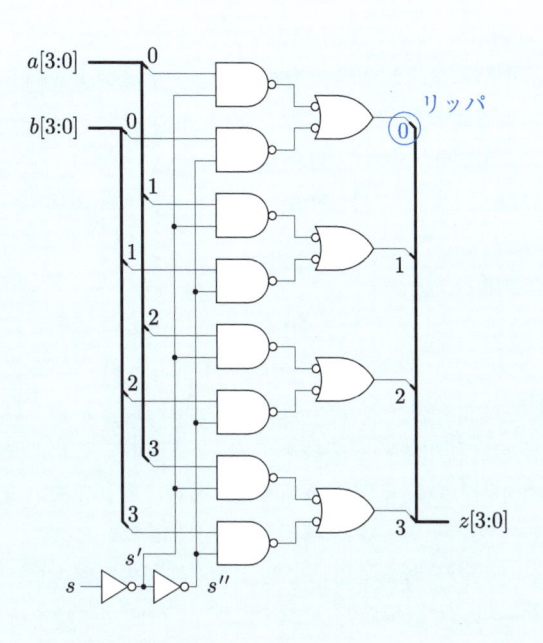

図 7.5 (74157) 4-bit 2-to-1 セレクタの回路図

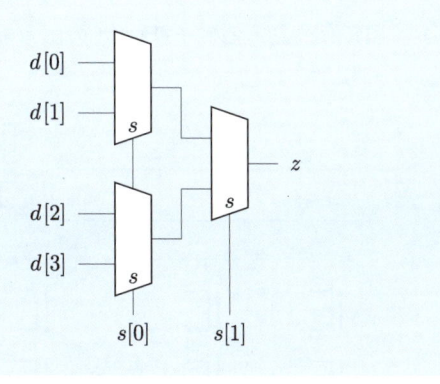

図 7.6 4-to-1 セレクタ

この回路では，選択入力 $s[1]$, $s[0]$ を二進符号 $n = s[1:0]$ とみなして，対応するデータ入力 $d[n]$ ($n = 0, 1, 2, 3$) が選択されます．たとえば，$s[1:0] = (10)_2$ の場合には，$d[2]$ が選択されます．選択は，トーナメントを勝ち上がっていくイメージで行われます．「1 回戦」では，$s[0] = 0$ なので $d[0]$ と $d[2]$ が「勝ち」，「決勝戦」では，$s[1] = 1$ なので $d[2]$ が「勝つ」というわけです．

同様に，2^n 入力のセレクタは，n 段のトゥリーによって構成することができます．

■ バスとセレクタ ■

6.3 節で述べたバスは，n 個の入力の中からアービトレーションに勝った入力を選択しますので，n-to-1 セレクタとみなすことができます．前述したパス・ゲートを用いたセレクタと同様に，バスを用いたセレクタは，フローティング状態を積極的に利用する回路技術です．「普通の」セレクタに比べて配線数が少ないため，入力の数 n が極めて大きい場合に有利です．

図 7.7 に示したダイナミック・ロジックを用いたセレクタは，バスをセレクタ用に最適化したものと考えてよいでしょう．同図の回路では，アービタの代わりにデコーダを用いて選択を行っています．この回路には foot がありませんので，デコーダはプリチャージ中に $t[0:n-1]$ をアサートしないようにする必要があります．

このダイナミック・ロジックを用いたセレクタは，たとえば，11.2 節で述べる RAM において，1K 個を超えるメモリ・セルの出力を選択するために用いら

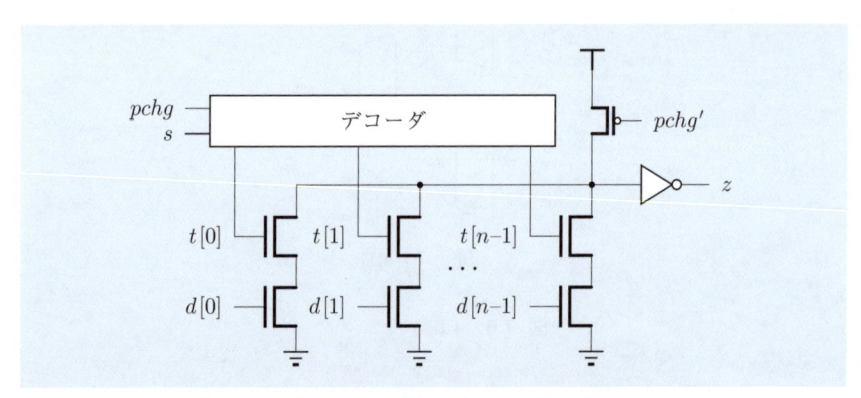

図 7.7 ダイナミック・ロジックを用いたセレクタ

7.4.3 セレクタとネットワーク

図 7.8 (a) は，2×2，すなわち，2 入力 2 出力の**ネットワーク・スイッチ** (**network switch**) で，入力 s によって，信号の流れがクロスかストレートかを選択することができます．このようなスイッチは，しばしば図 7.8 (b) のようなシンボルで表します．この 2×2 スイッチをビルディング・ブロックとして，さまざまな $n \times n$ ネットワークを構成することができます．

図 7.9 の回路は，循環シフト（10.6 節参照）という操作を行うネットワークで，しばしば**バレル・シフタ** (**barrel shifter**) と呼ばれます．図中 ○ は，2-to-1 セレクタです．右斜め下方に出ていく線は，左から入ってくるものと考えてく

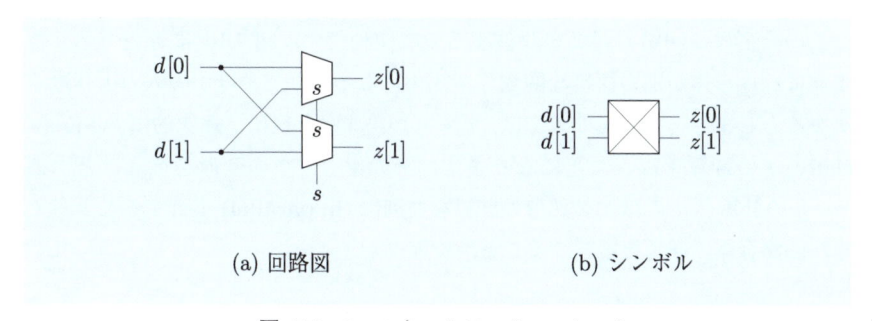

(a) 回路図 (b) シンボル

図 7.8 2×2 ネットワーク・スイッチ

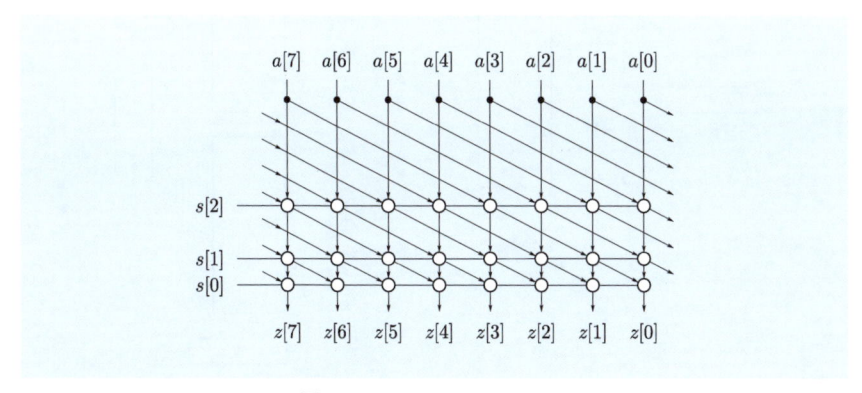

図 7.9 8-bit バレル・シフタ

ださい．$s[2:0]$ によって指定されるビット数だけ，$a[7:0]$ の内容がくるっとまわって $z[7:0]$ に出力されます．なお，シフタについては，10.6 節で詳しく述べます．

7.4.4 論理回路の完全性とセレクタ

セレクタは，実は，2.5 節ですでに出てきています．ブール微分の式 (2.2) を再掲します：

$$\begin{aligned}&f(i_0,\cdots,i_{j-1},\ i_j,\ i_{j+1},\cdots,i_{k-1})\\&=i_j'\cdot f(i_0,\cdots,i_{j-1},\ 0,\ i_{j+1},\cdots,i_{k-1})\\&+i_j\cdot f(i_0,\cdots,i_{j-1},\ 1,\ i_{j+1},\cdots,i_{k-1})\end{aligned} \quad (2.2)$$

この式の右辺は，$i_j'\cdot f(\cdots)+i_j\cdot f(\cdots)$ という形をしています．この形は，2-to-1 セレクタそのものです．式 (2.2) は，図 7.10 のように表すことができます．

この変形は，回路の遅延を改善するのに便利です．図 7.10 に青色で示したように，i_j 自体が別の複雑な関数 g の出力になっていて，ほかの入力より遅く決まるとしましょう．元の式では，$i_j=g$ が決まった後に，**逐次的に (sequentially)** f の計算を行うことになります．その場合，この変形を行うことにより，g の計算と f のほかの部分の計算を**並列に (in parallel)** 実行することができ，回路全体の遅延を短縮することができます．

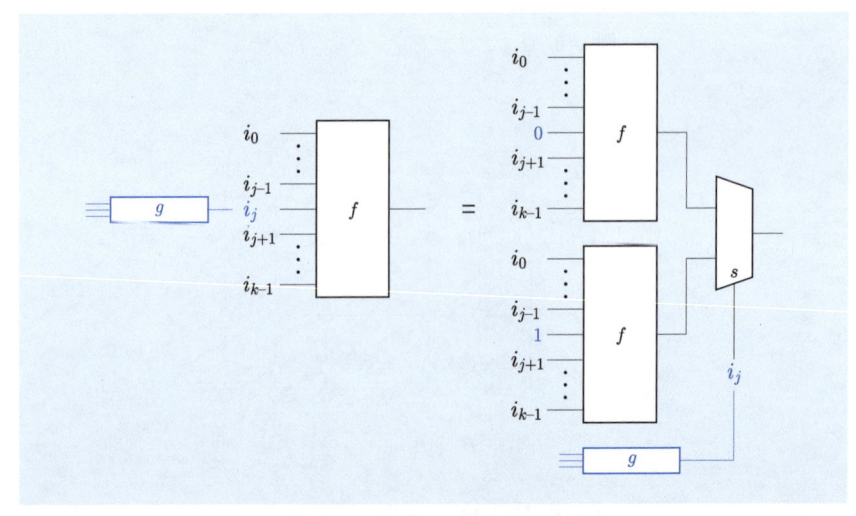

図 7.10　ブール微分の回路図

7.4 セレクタ

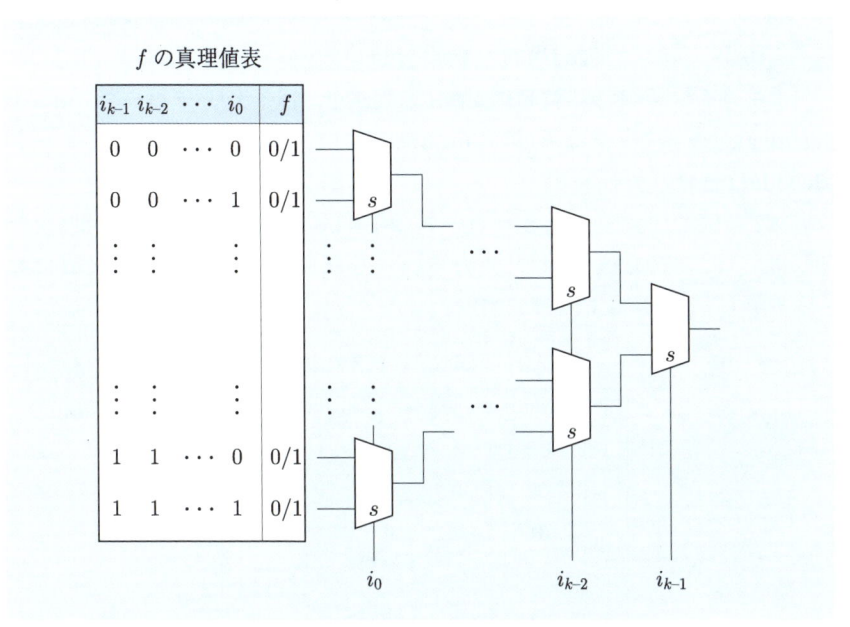

図 7.11 セレクタによる真理値表の読み出し

また，この変形を再帰的に繰り返すと，図 7.11 のようになります．図中，左にある表は，f の真理値表です．すなわちこの回路は，セレクタによって真理値表の対応する出力を選び出す回路になっています．

この回路によって，すべての k 入力論理関数を構成できることは明らかです．論理回路の完全性は，このようにしても証明することができます．{セレクタ} もまた，完全集合になっています．

7.5 デコーダ

二進符号をワン・ホット符号に変換する回路を，**バイナリ・デコーダ** (binary decoder)，**ライン・デコーダ** (line decoder)，あるいは，単に**デコーダ** (decoder) といいます．

表 7.2 と図 7.12 に，**2-to-4 デコーダ** (**2-to-4 decoder**) の機能表と回路図を示します．このデコーダでは，入力 $a[1:0]$ を二進符号とみなして，それに対応する出力 $y'[n]$ が 0 になります．

表 7.2　2-to-4 デコーダの機能表

g'	$a[1:0]$	$y'[0]$	$y'[1]$	$y'[2]$	$y'[3]$
1	$\phi\phi$	1	1	1	1
0	00	0	1	1	1
	01	1	0	1	1
	10	1	1	0	1
	11	1	1	1	0

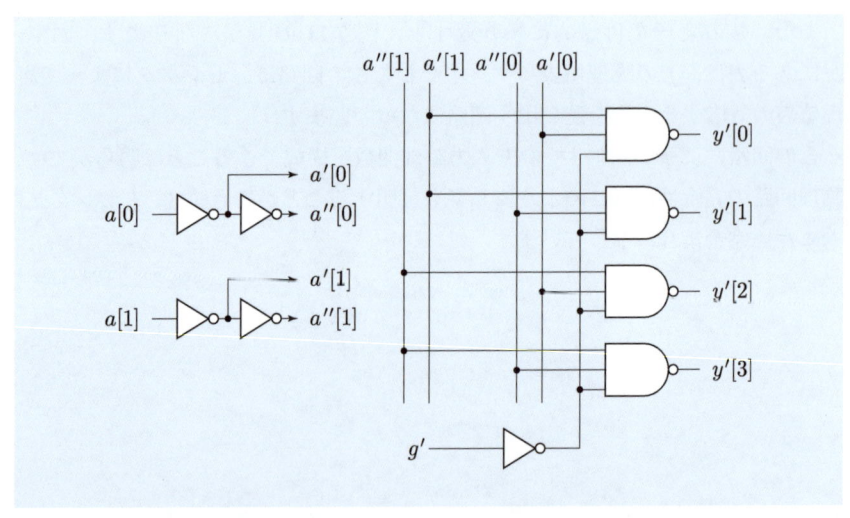

図 7.12　2-to-4 デコーダの回路図 (74139)

7.5 デコーダ

■ 正論理，負論理 ■

y'やg'のように，普段は1で，意図した動作を引き起こすときに0に遷移する信号を**負論理** (negative logic) といいます．それに対して，普段は0で，意図した動作を引き起こすときに1に遷移する信号は**正論理** (positive logic) といいます．なお，図7.13のように，回路図上ではしばしば，シンボルに○を付けて負論理の信号を表します．

電子回路では，電圧の高 (high) /低 (low) によって1/0を表すので，正論理のことを **normally-low** (active-high)，負論理のことを **active-low** (normally-high) ともいいます．

正論理，負論理が混じっていると，「1になる」，「0になる」といっても，どちらのことか分かりません．そこで，正論理，負論理に関わらず，意図した動作を引き起こす方向に信号が変化することを**アサート** (assert)，その反対の方向に信号が変化することを**ディアサート** (deassert) といいます．

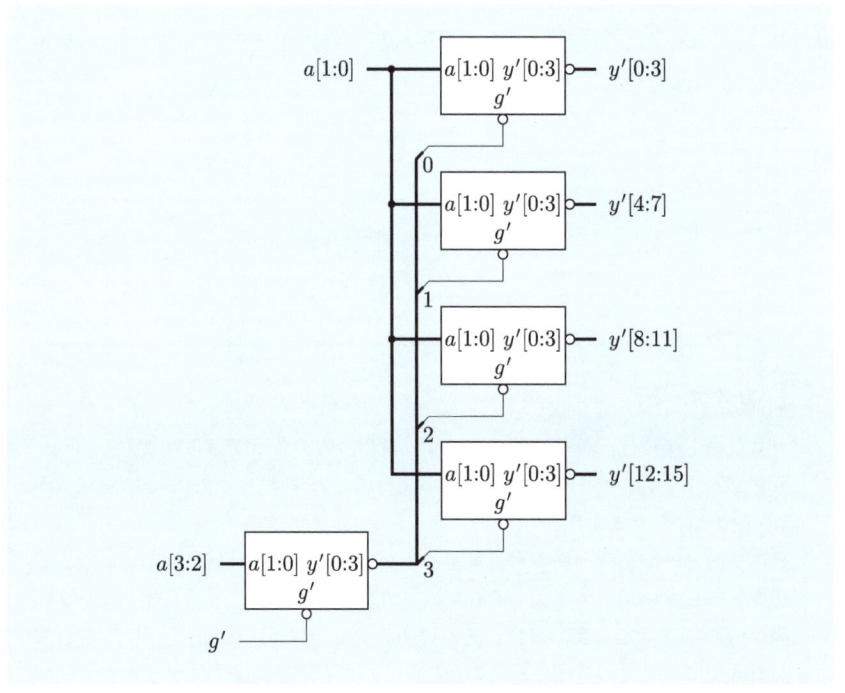

図 7.13 2-to-4デコーダのカスケード接続による4-to-16デコーダの構成

負論理は，人間には分かりにくいのですが，ディジタル回路設計ではよく現れます．5, 6 章で述べたように，電子回路は，どちらかというと high より low のほうが「得意」だからです．たとえば，信号の遷移は，low → high より high → low のほうが高速です．

現在では，その違いは以前ほど重要ではなくなってきていますが，歴史的経緯から負論理が残されていることが多いようです．

■ カスケード接続 ■

ゲート・イネーブル g' は，図 7.13 のような**カスケード接続** (cascade connection) を行うために利用します．図 7.13 は，2-to-4 デコーダによって 4-to-16 デコーダを構成する方法を示したものです．同図中，5 つある四角形は，図 7.12 に示した 2-to-4 デコーダのシンボルです．上にある 4 つのデコーダには入力の下位 2 ビット $a[1:0]$ が入力されていますので，それぞれ同じ出力をアサートしようとします．しかし，これら 4 つのデコーダの出力は，左下にあるデコーダによって制御されています．左下にあるデコーダは，上位 2 ビット $a[3:2]$ をデコードして，上の 4 つのうちから対応するデコーダの出力をイネーブルするわけです．

> ☕ **カスケード**
>
> カスケード接続は，論理回路に限らず，情報分野の各所でみられます．
>
> カスケードとは，「階段状に連なる小滝」のことです．図 7.13 では，左下が「滝の上流」になります．
>
> 日本で滝というと，一筋の水流が崖の上から滝つぼまで一気に落ちているものを想像してしまいがちですが，それでは「カスケード接続」というネーミングの意図は分かりません．英語では，それは fall といって，cascade とは区別されます．日本では，日光の竜頭の滝（の上のほう）などが cascade になります．

7.6 エンコーダ

ワン・ホット符号から二進符号への変換を行うものを**バイナリ・エンコーダ** (binary encoder)，**ライン・エンコーダ** (line encoder)，あるいは，単に**エンコーダ** (encoder) といいます．

プライオリティ・エンコーダ

エンコーダでは，正しく 1 つの入力のみがアサートされたときにはいいのですが，間違って複数の入力が同時にアサートされたときに何を出力すべきかが問題になります．普通は，複数の入力が同時にアサートされる場合を don't care として設計します．ただしその場合，実際に複数の入力が同時にアサートされると，全く意味のない値を出力することになります．

そこで，入力間に優先順位を付けた**プライオリティ・エンコーダ** (priority encoder，**優先順位付きエンコーダ**) がよく使われます．

表 7.3 に，8-to-3 プライオリティ・エンコーダの機能表を示します．すべての信号が負論理になっていることに注意してください．$d'[7]$ に最も高い優先順位が与えられており，$d'[7]$ がアサートされているときには，$d'[0] \sim d'[6]$ がアサートされていようがいまいが，$a'[2:0] = 000$ が出力されます．

このプライオリティ・エンコーダを構成するには，各出力に対して，組み合わせ回路を設計すれば OK です．各自で設計してみてください (本章末の問題 3)．

表 7.3 8-to-3 プライオリティ・エンコーダ (74148) の機能表

ei'	$d'[0]$	$d'[1]$	$d'[2]$	$d'[3]$	$d'[4]$	$d'[5]$	$d'[6]$	$d'[7]$	$a'[2:0]$	eo'
1	ϕ	ϕ	ϕ	ϕ	ϕ	ϕ	ϕ	ϕ	111	1
	1	1	1	1	1	1	1	1	111	0
	ϕ	ϕ	ϕ	ϕ	ϕ	ϕ	ϕ	0	000	1
	ϕ	ϕ	ϕ	ϕ	ϕ	ϕ	0	1	001	1
	ϕ	ϕ	ϕ	ϕ	ϕ	0	1	1	010	1
0	ϕ	ϕ	ϕ	ϕ	0	1	1	1	011	1
	ϕ	ϕ	ϕ	0	1	1	1	1	100	1
	ϕ	ϕ	0	1	1	1	1	1	101	1
	ϕ	0	1	1	1	1	1	1	110	1
	0	1	1	1	1	1	1	1	111	1

■カスケード接続■

例によって,このプライオリティ・エンコーダもカスケード接続が可能になっています.図 7.14 に,表 7.3 のプライオリティ・エンコーダのカスケード接続による 16-to-4 プライオリティ・エンコーダの構成を示します.

ゲート・イネーブル入出力,ei',eo' の使い方が肝要です.eo' は,$d'[0] \sim d'[7]$ がいずれもアサートされて**いない**ときにアサートされます.したがって,図 7.14 では,$d'[8] \sim d'[15]$ がアサートされていないときに限り,左のエンコーダは動作します.これによって,$d'[8] \sim d'[15]$ に,$d'[0] \sim d'[7]$ より高い優先順位が与えられるのです.

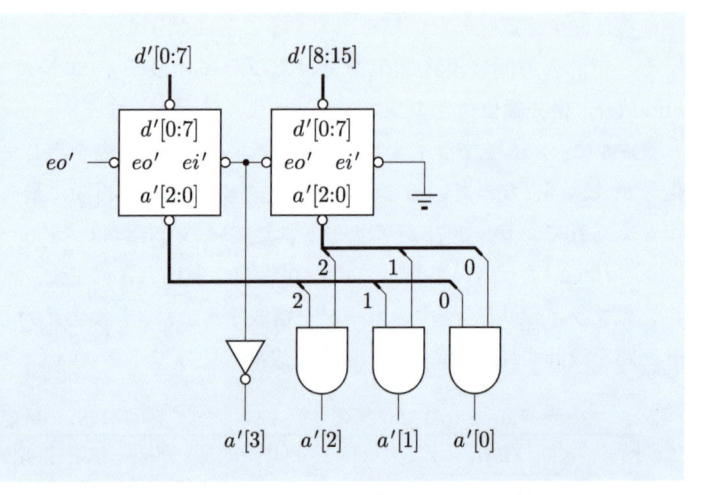

図 7.14 表 7.3 のプライオリティ・エンコーダのカスケード接続による 16-to-4 プライオリティ・エンコーダの構成

下に 3 つある AND ゲートは,本来の意味的には,2 つのエンコーダの出力を選択するセレクタを用いるべきところです.各エンコーダは入力がない場合には 111 を出力するので,AND ゲートで代用しているのです.

7 章の問題

☐ **1** 図 7.6 のように 2-to-1 セレクタを用いるのではなく，AND，OR，NOT ゲートを用いて 4-to-1 セレクタを設計せよ．

☐ **2** 演習 1 で設計したセレクタを拡張して，4-bit の 4-to-1 セレクタを設計せよ．

☐ **3** 4-to-2 プライオリティ・エンコーダを設計せよ．

8 順序回路の実現

本章では，順序回路の実現方法について述べます．

8.1 節と 8.3 節では，ラッチとフリップ・フロップといった記憶素子の実現について述べます．

8.4，8.5，8.6 節では，クロックとリセットについて述べます．

> **8 章で学ぶ概念・キーワード**
> - 同期式順序回路
> - 非同期式順序回路
> - ラッチ
> - フリップ・フロップ
> - クロッキング方式
> - 同期化
> - 初期化
> - リセット

8.1 記憶素子

3章までで述べた組み合わせ回路では，信号の流れは，入力から出力への「一方通行」でした．組み合わせ回路の出力はそのときの入力によって決まりますが，それは信号の流れが「一方通行」であるためです．もし回路に**ループ** (**loop**) があったらどうなるでしょうか？ 4章で述べた順序回路の記憶は，回路のループに関係があります．

論理回路にループがある場合，その回路は，有限時間内にある安定した状態に落ち着くか，永遠に変化し続けるかのどちらかになります．後者を，**発振** (**oscillation**) といいます．以下，図 8.1 に示す回路を例に，このことを説明します．

図 8.1 は，NOT ゲートからなるリング状の回路で，見ての通り，ループがあります．このような回路は，リングに含まれる NOT ゲートの個数が奇数か偶数かによって，発振するか安定するかが決まります．

図 8.1 (a) の回路は，NOT ゲートの出力を入力に接続したものです．この回路は発振します．ある瞬間に NOT ゲートの入力が 0 であったとしましょう．すると，NOT ゲートの出力は 1 になります．すると入力が 1 に変わるので，NOT ゲートの出力は 0 になります．このように，$0 \to 1 \to 0 \to 1 \to \cdots$ と，信号の変化は永遠に繰り返されることになります．

次に，図 8.1 (b) に，安定する回路を示します．この回路は，2 つの NOT ゲートの入力と出力を互いに接続したものです．図 8.1 (a) の例と同様に，ある瞬間に NOT ゲート I_0 の入力 q' が 0 であったとしましょう．すると，I_0 の出力 q は 1 になり，NOT ゲート I_1 の出力 q' は 0 になります．すると，これ以上信号の変化は起こらないので，回路はこの状態で安定します．

(a) 1 個の NOT ゲート   (b) 2 個の NOT ゲート

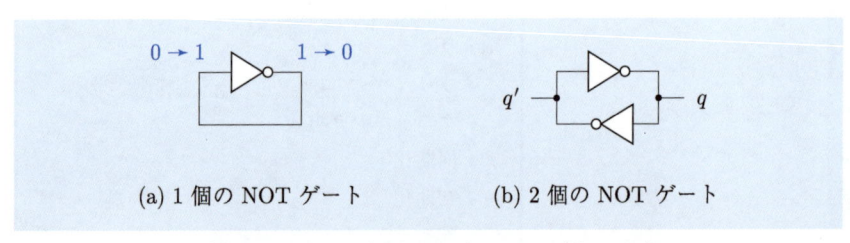

図 8.1　NOT ゲートからなるリング状の回路

8.1 記憶素子

反対に,最初に NOT ゲート I_0 の入力 q' が 1 であったとしましょう.すると,I_0 の出力 q は 0 になり,I_1 の出力 q' は 1 になって,回路はこの状態でやはり安定します.

■ **フリップ・フロップ** ■

このように,図 8.1 (b) の回路は,$q/q' = 0/1$ と,$q/q' = 1/0$ の 2 つの**安定状態** (stable state) を持ちます.この回路を**フリップ・フロップ** (flip-flop) といい,2 つの安定状態のどちらをとっているかによって,1 bit の**記憶素子** (memory element) として用いることができます.フリップ・フロップは,しばしば **FF** と省略します.

ただし,実際に図 8.1 (b) のような回路を構成した場合には,2 つの安定状態のうちのどちらかをとるかを選ぶことはできません.電源を投入すると,回路は速やかに 2 つの安定状態のうちのどちらかに落ち着き,以降電源を切るまで変化しません.電源を投入したときにどちらになるかは,回路の動作履歴や「くせ」のようなもので決まり,予想ができません (unpredictable).

■ ***SR* ラッチ** ■

記憶の内容を制御できないようでは,実際に記憶素子として利用することはできません.そこで,記憶内容を書き換えられる 1 bit の記憶素子の最も簡単な例として,***SR* ラッチ** (*SR*-latch) を紹介します.

図 8.2 (a) に,*SR* ラッチを示します.*SR* ラッチは,2 個の 2 入力 NOR ゲートからなります.NOR ゲートの一方の入力は,もう一方の NOR ゲートの出力に接続されています.図では「たすきがけ」になっていますが,前出の

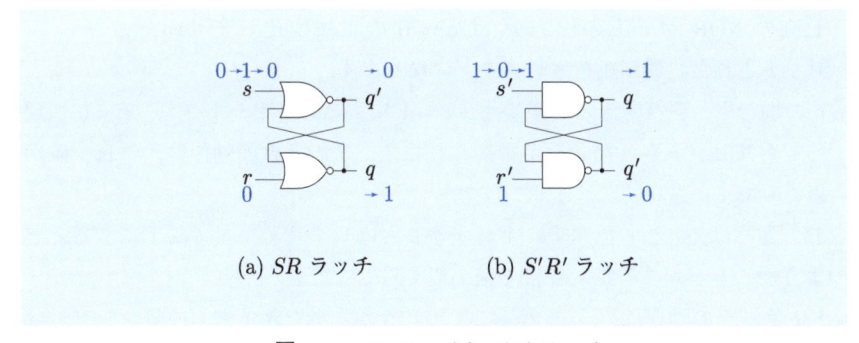

(a) *SR* ラッチ　　(b) $S'R'$ ラッチ

図 8.2　*SR* ラッチと $S'R'$ ラッチ

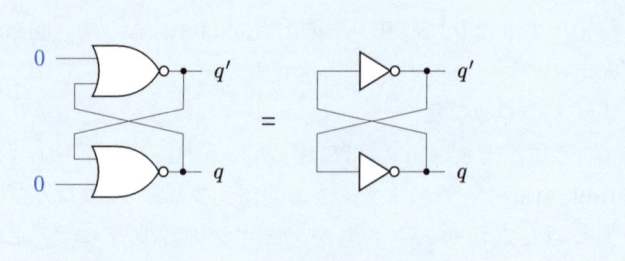

図 8.3 SR ラッチの動作 ($s=0, r=0$)

FF と同様に，2 個のゲートがリング状に接続されていることになります．残りの入力は，s は set，r は reset の意味で，$s=1$ とすると $q=1$，$r=1$ とすると $q=0$ となります．

では，SR ラッチの動作を詳しくみてみましょう．

- 通常は，$s=0$, $r=0$ とします．図 8.3 に示すように，この状態では，SR ラッチは前述した FF と等価になり（7.1 節参照），安定状態を維持することになります．
- セットは，s に**パルス (pulse)** を入力することによって，すなわち，いったん $s=1$ にした後 $s=0$ に戻すことによって，行います．図 8.2 (a) に，そのときの動作を合わせて示しました．$s=1$ とすると，$q=(q+s)'=(q+1)'=(1)'=0$ と，上側の NOR ゲートの出力 q' は強制的に $q'=0$ になります．下側の NOR ゲートの出力 q は $q=1$ になります．このとき，$q=1$ になっていることが重要です．ここで $s=0$ に戻しても，$q=1$ であるので，上側の NOR ゲートの出力 q' は $q'=0$ のまま変化しません．こうして，セットされた状態が維持されることになります．
- r の場合も，s の場合と同様です．$r=1$ にするとリセットされ，$r=0$ に戻してもリセットされた状態が維持されます．このときの動作は，各自で確かめてみてください．

なお，通常は，s と r を同時に 1 にすることはしません．同時に 1 にするとどのようなことが起こるか，各自で確かめてみてください．

SR ラッチの動作は，シーソーにたとえることができます．通常シーソーは

どちらかに傾いており，勝手に反対側に傾くことはありません．したがって，シーソーは2つの安定状態を持っており，これを0, 1に対応させることで，1 bitの記憶素子として使うことができます．s, rにパルスを入力することは，シーソーを特定の向きに傾ける操作にあたります．Flip-flopの，flipとは「ひっくり返す」，flopとは「バタンと倒れる」という意味で，まさにこのようなたとえにぴったりです．

■ $S'R'$ ラッチ ■

図8.2 (b) に示すように，SR ラッチのNORゲートをNANDゲートに置き換えたものは，$S'R'$ ラッチ ($S'R'$-latch) といいます．

双対性により，$S'R'$ ラッチの動作は SR ラッチのそれと双対になります．通常は，$s'=1$, $r'=1$ として，s', r' に**負のパルス** (negative pulse) を入力することによって，すなわち，いったん0にした後1に戻すことによって，状態を変化させます．また，q と q' の位置関係が逆になっていることにも注意してください．

> ### 🍵 リング発振器
>
> 奇数個のNOTゲートからなるリング状の回路は，**リング発振器** (ring oscillator) といって，回路の遅延を計測するために利用されることがあります．n 個のNOTゲートからなるリング発振器の発振周期が τ であったとすると，NOTゲート1個の遅延は，$\tau/2n$ になります．n を十分大きくすれば，NOTゲートの遅延を精度よく求めることができます．

8.2 同期式順序回路

順序回路は，**同期式** (synchronous) と**非同期式** (asynchronous) に分類されます．現在身の回りにあるディジタル回路のほとんどすべては，同期式の順序回路になっています．そこで，しばらくは同期式について述べ，非同期式については 8.7 節で触れることにします．

■ 同期式順序回路 ■

同期式順序回路は，**クロック** (clock) と呼ばれる周期信号を用います．同期式順序回路は，このクロックに「同期して」，状態が変化します．「同期して」の意味は，p. 54，図 4.1 (b) の**タイミング・チャート** (timing chart) を用いて説明します．

タイミング・チャートは，横軸に時間をとって，信号の時間的な変化を信号**波形** (wave form) により正確に表したものです．同チャートには，x, z のほかに，クロック $clock$ の波形があります．各波形の，下が 0，上が 1 を，それぞれ表しています．同図は，図 4.1 (a) に示した回路の動作に対応しています．2 つの図表を見比べて，対応を確認してみてください．このタイミング・チャートをみれば，x, z が $clock$ に「同期して」変化していることが分かると思います．

4.1 節では，詳しい説明なしに「1 サイクル」という言葉を用いていました．これは，正確には，クロックの 1 **サイクル** (cycle，周期) のことになります．

ディジタル回路の基本的な動作速度は，クロックの**周波数** (frequency) によって決まります．たとえば「1 GHz のプロセッサ」といえば，クロックの周波数が 1 GHz という意味で，1 秒間に 1 G 回 = 10 億回，状態の変化が起こります．

8.3 ラッチとフリップ・フロップ

　同期式順序回路は，クロックに同期して状態が変化すると述べました．同期は，クロックによって記憶素子の状態遷移を制御することによって実現されます．

■ラッチ・イネーブル付き SR ラッチ■

　図 8.4 (a) に，**ラッチ・イネーブル (latch enable)** 付きの SR ラッチの回路図を示します．

　図 8.4 (a) に示した回路図を見ると，p. 121 図 8.2 (b) に示した $S'R'$ ラッチの入力 s', r' に，NAND ゲートが付加されていることが分かります．ラッチ・イ

(a) ラッチ・イネーブル付き SR ラッチ

(b) D ラッチ

(c) CMOS パス・ゲートを用いた D ラッチ

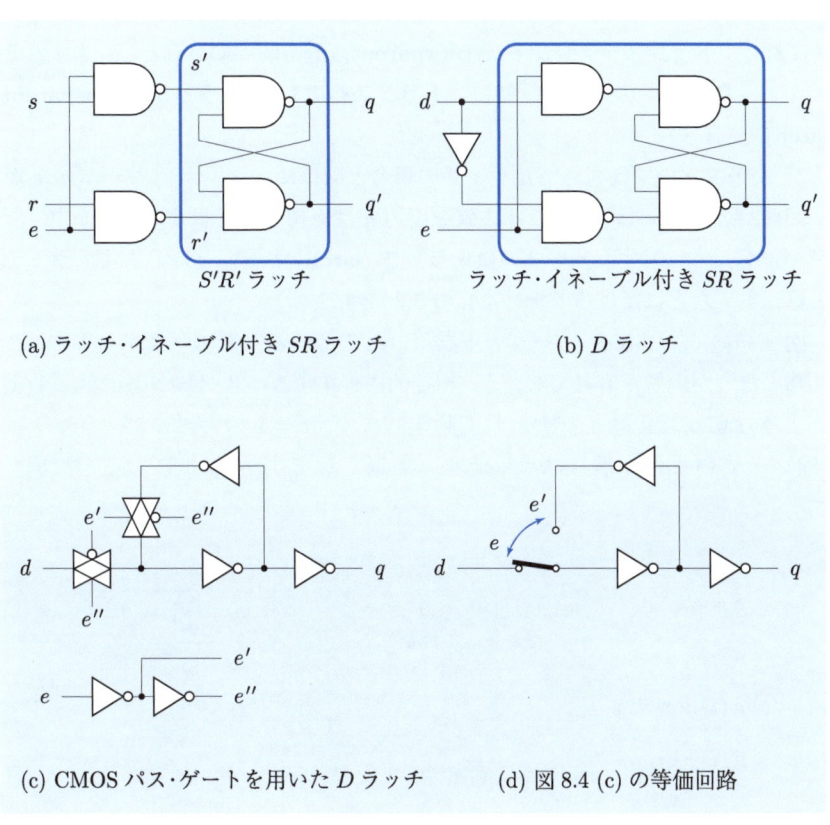

(d) 図 8.4 (c) の等価回路

図 8.4　ラッチ

ネーブル入力 e が 1 のときには，SR ラッチと等価です．e が 0 のときには，s, r 入力がどのような値であっても，安定状態を維持します．

■ D ラッチ ■

図 8.4 (b) に **D ラッチ** (**D-latch**) の構成例を示します．D ラッチは，図 8.4 (a) に示したラッチ・イネーブル付き SR ラッチに対して，$s=d$, $r=d'$ としたものです．

図 8.5 に，D ラッチのタイミング・チャートを示します．

D ラッチでは，ラッチ・イネーブル e が $e=1$ のとき（図 8.5 中，青い部分），出力 q は入力 d に等しくなります．$d=1$ になると $s=1$ となって，$q=1$ になります．逆に $d=0$ になると，$r=1$ となって $q=0$ になります．結局，d に変化があった場合には，それに合わせて q の値も変化します．このことを，q は d に対して**トランスペアレント**（**transparent**，透過的）であるといいます．そのため，D ラッチのことを，特に，**トランスペアレント・ラッチ** (**transparent latch**) ともいいます．

ラッチ・イネーブル付き SR ラッチの場合と同様に，ラッチ・イネーブル e が $e=0$ に変化する「瞬間」の d の値を出力 q は保持し続けます（図 8.5 中，灰色の部分）．このことを，「d の値を**ラッチ** (**latch**) する」といいます．ラッチとは，ドアなどに掛ける「掛け金」のことです．

図 8.4 (c) に，CMOS パス・ゲートを用いた D ラッチの構成例を示します．こちらのほうが理解が容易でしょう．相補的に動作するパス・ゲートが，図 8.4 (d) のような切り替えスイッチとして動作します．$e=1$ のときには，ラッチは「開い」ています．信号はラッチを「通過」します．$e=0$ になる「瞬間」，

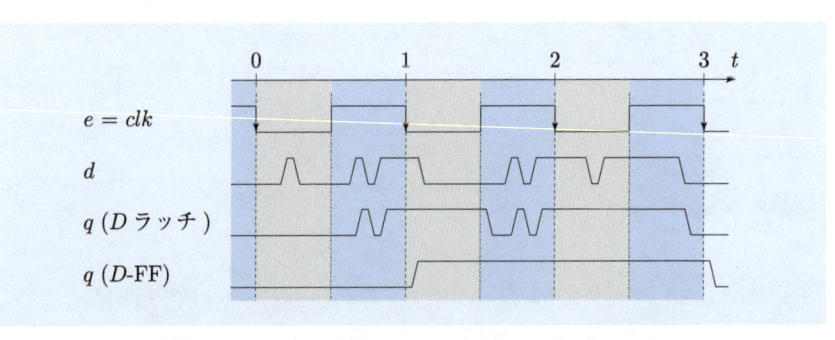

図 8.5 D ラッチと D-FF のタイミング・チャート

ラッチは「閉じ」ます．d と q は切り離され，それと同時に形成されたフリップ・フロップによって q はそのときの値を保持することになります．8.1 節で述べましたが，フリップ・フロップとは NOT ゲート 2 個からなるループのことです．

■ D フリップ・フロップ ■

図 8.6 に示すように，逆相で動作するラッチを 2 段組み合わせると，トランスペアレントである期間をなくすことができます．この構造を，**マスタースレーブ (master-slave)** といいます．前段をマスタ・ラッチ，後段をスレーブ・ラッチと呼びます．この構造では，ラッチ・イネーブル入力 e に相当するものは，クロック入力 clk と呼びます．

図 8.6 (b) は，CMOS パス・ゲートを用いたものです．やはりこちらのほうが理解が容易ですので，こちらでその動作を説明しましょう．図 8.6 (c) に，その動作の様子を示します．$clk = 0$ のときにマスタを通過していた値が，$clk = 1$ に変わる「瞬間」にマスタに保持されます．$clk = 1$ に変わるときには，その逆に，マスタに保持されてスレーブを通過していた値が，マスタの代わりにスレーブによって保持されるようになります．このとき，マスタを通過し始める新しい信号がたどり着く前に，スレーブ側が「閉じる」ことが重要です．そのため，このときには q の値は変化しません．

結局この構造は，外部からみると，clk の $1 \rightarrow 0$ 遷移の「瞬間」に，d 入力を**サンプリング (sampling)** して，q に出力するようにみえます．図 8.5 $q(D$-FF$)$ に，このタイミング・チャートを示します．同図の $q(D$ ラッチ$)$ のものと比較してみてください．トランスペアレントな時期がなく，入力の「がたがた」（8.4 節参照）が消えています．

信号の $0 \rightarrow 1$ 遷移のことを**ポジティブ・エッジ (positive edge)**，または，**ライジング・エッジ (rising edge)** といいます．一方，$1 \rightarrow 0$ 遷移のことを**ネガティブ・エッジ (negative edege)**，または，**フォーリング・エッジ (falling edge)** といいます．この構造は，エッジにおいて動作するので，**エッジ・トリガ**と呼ばれます．それに対して，D ラッチのように，制御信号が 0，または，1 にあることによって状態変化を制御することを**レベル・センシティブ (level-sensitive)** といいます．

エッジ・トリガ型の記憶素子を，ラッチと区別して，**フリップ・フロップ (flip-flop, FF)** といいます．なお，困ったものですが，NOT ゲート 2 個から

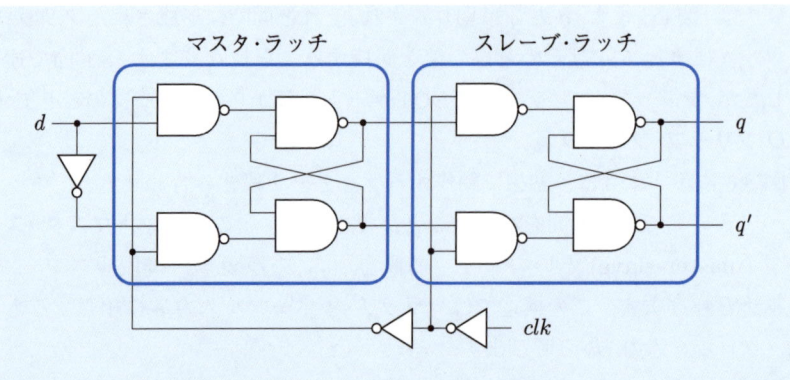

(a) SR ラッチを用いた D-FF

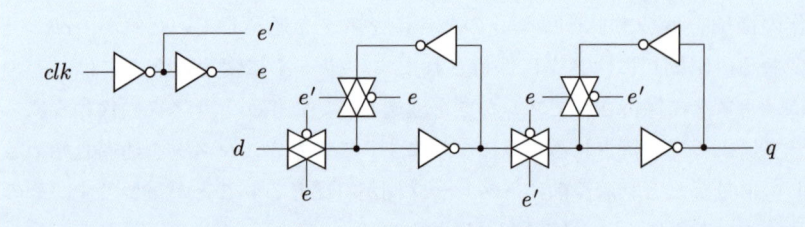

(b) CMOS パス・ゲートを用いた D-FF

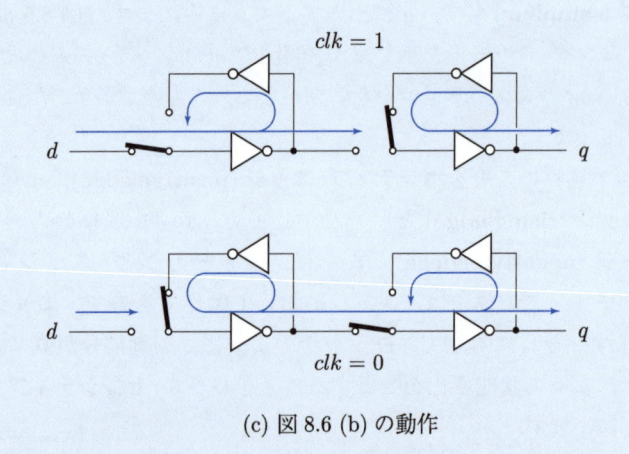

(c) 図 8.6 (b) の動作

図 8.6　マスタースレーブ構造による D-FF

(a) Dラッチ(ポジティブ・イネーブル)　(b) Dラッチ(ネガティブ・イネーブル)

(c) ポジティブ・エッジ・トリガ D-FF　(d) ネガティブ・エッジ・トリガ D-FF

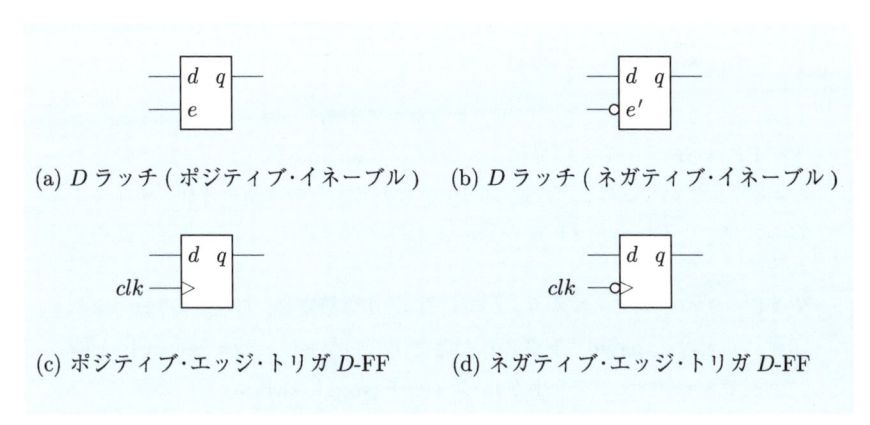

図 8.7　Dラッチ，D-FF のシンボル

なるループも同じくフリップ・フロップ (FF) というので，混同しないよう注意が必要です．

　図 8.6 に示した各回路は，正確には，**ネガティブ・エッジ・トリガ型 D-FF** といいます．図 8.5 をみると，入力 d に対して出力 q が 1 サイクルだけ遅れて変化しているようにみえます．D-FF の D とは，delay（遅延）の意味です．Dラッチの D も同様です．

　なお，図 8.5 において D ラッチと対比するためにネガティブ・エッジ・トリガ型を例に挙げましたが，**ポジティブ・エッジ・トリガ型**がより一般的です．

　図 8.7 に，D ラッチと D-FF のシンボルを示します．D-FF のクロック入力には，▷ を付けるのが慣習です．ネガティブ・エッジ・トリガの場合には，その前に ○ を付けます．

そのほかのフリップ・フロップ

FF には，D-FF 以外にも，以下のようなものがあります：

- **SR-FF**　SR ラッチと同様に，2 つの入力 s, r があり，$s=1$ でセット，$r=1$ でリセットされます．また，$s=r=1$ とするのは禁止されています．ただし，ラッチではなく FF なので，s, r はクロック・エッジでサンプリングされます．

- **T-FF**　1 つの入力 t があり，$t=0$ では値が保持され，$t=1$ では値が反転します．T とは，**toggle**（**トグル**）の略です．ちなみに，つまみを上下（左右）に動かすスイッチのことを**トグル・スイッチ** (**toggle switch**) といいます．

- **JK-FF**　SR-FF と同様に，2 つの入力 j, k があり，$j=1$ でセット，$k=1$ でリセットされます．SR-FF では，$s=r=1$ とするのは禁止されていますが，JK-FF では $s=r=1$ とすると，T-FF と同様に値が反転します．ちなみに，JK とは，Jack Knife の略だそうです．

これらの FF は D-FF より高機能であるため，これらの FF を用いて順序機械を設計すると次状態関数が簡単になることがあります．たとえば，p.58，図 4.4 において，D-FF を T-FF に置き換えると，入力 x を T-FF の t 入力に直結すればよく，XOR ゲートを省略することができます．このことは，74 シリーズなどのような小型の IC を多数用いて設計するときには有用でした．しかし実際には，次状態関数の複雑さを FF の内部に移し替えただけで，回路全体として簡単になったわけではありません．そのため，FF とロジックを内部に集積可能な LSI を用いる場合には，これらの高機能な FF はあまり重要ではありません．

8.4 クロッキング方式

ラッチと FF のどちらを用いるか，どのようなクロックを分配するかといった，同期式順序回路を構成する方法を**クロッキング方式** (clocking scheme) といいます．クロッキング方式は，最小サイクル・タイムなど，順序回路の時間的な設計制約の厳しさを決定します．

クロッキング方式を説明するためには，同期式回路の構成要素であるロジック，ラッチと FF，クロックのタイミング制約について理解する必要があります．以下ではまず，8.4.1, 8.4.2, 8.4.3 で，ロジック，ラッチと FF，クロックのタイミング制約についてそれぞれ述べます．そして 8.4.4 で，クロッキング方式について説明します．

8.4.1 ロジックの遅延

5.4 節で述べたように，信号がゲートを通過するには遅延がかかります．そのため，ロジックの出力はバラバラと遷移することになります．

■ ハザード ■

図 8.8 (a) のカルノー図に示された関数を簡単化してみましょう．同図中黒いループで示した主項 $x'y_2$ と xy_1 が必須主項であるので，$Y_1 = x'y_2 + xy_1$ と求められます．回路図は，図 8.8 (b)（青色の部分は除く）のようになります．

ここで，y_1y_2 が $y_1y_2 = 11$ であるときに，入力 x が $1 \to 0$ と遷移したとしましょう．Y_1 は，$x = 0$ でも $x = 1$ でも $Y_1 = 1$ のはずですが，実際にはそうはな

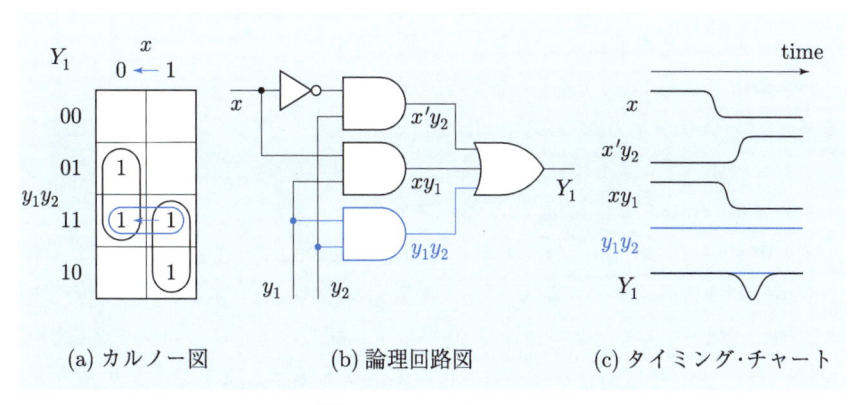

(a) カルノー図   (b) 論理回路図   (c) タイミング・チャート

図 8.8　$Y_1 = x'y_2 + xy_1$

りません．その様子を図 8.8 (c) に示します．入力 x が $1 \to 0$ と遷移すると，$x'y_2$ に対応する AND ゲートの出力が $0 \to 1$ と遷移し，それと同時に xy_1 に対応する AND ゲートの出力が逆に $1 \to 0$ と遷移します．図 8.8 (b) の回路図をみると明らかなように，$x'y_2$ のほうが NOT ゲート 1 個分遅延が長いので，その $0 \to 1$ 遷移のほうがわずかに遅れるでしょう．関数の出力 Y_1 は，これら 2 つの AND の出力を OR して得られるので，このずれの分だけ 0 になります．Y_1 には，図 8.8 (c) のように，「ヒゲ」状の波形が現れます．これを**グリッチ** (**glitch**) といいます．また，このような状況を**ハザード** (**hazard**) といいます．

この例の場合には，図 8.8 (a) 中で青のループで示した主項 y_1y_2 を追加することによってハザードを除去することができます．回路図でみると，図 8.8 (b) で青で示した AND ゲートを追加することになります．この例の遷移の場合，追加した AND ゲートがその間中 1 を出力し続けるので，出力が 0 になることはありません．

この例のように，入力が同時には 1 つしか変化しない場合，ハザードは除去することができます．しかし，同時に複数の入力が変化する一般の場合には除去は困難です．なおハザードの除去は，8.7 節で述べる非同期式順序回路では必須ですが，同期式ではあまり重要ではありません．

■パス■

図 8.9 に示す回路で，(x, y, z) が $(1, 0, 0)$ から $(0, 1, 1)$ に遷移したとしましょう．図中に示したように，組み合わせ回路の出力は，$1 \to 0 \to 1 \to 0$ と遷移します．一般には，組み合わせ回路の出力は，最大で回路にあるパスの数だけ遷移を繰り返し，その後に安定することになります．

パスのうち，遅延が（最も）短いものを**ショート・パス** (**short path**)，最も長いものを**クリティカル・パス** (**critical path**) といいます．図 8.9 の回路の場合，ショート・パスは w から d_1 に至る，ロジックを全く含まないパスで，クリティカル・パスは z から d_2 に至るパスです．

図 8.9 （下）に信号の伝わり方を示します．同図では，下に時間軸が，右に信号が伝わる方向がとってあります．時刻 t_0 のクロック・エッジに FF の出力は変化し，信号はロジックを伝わり始めます．前述のように，ロジックの出力 d_2 は，各パスの遅延に従って，$1 \to 0 \to 1 \to 0$ と遷移します．クリティカル・パスの遅延を t_{crit} とすると，ロジックの出力 d_1d_2 は時刻 $t_0 + t_{\text{crit}}$ に安定します．

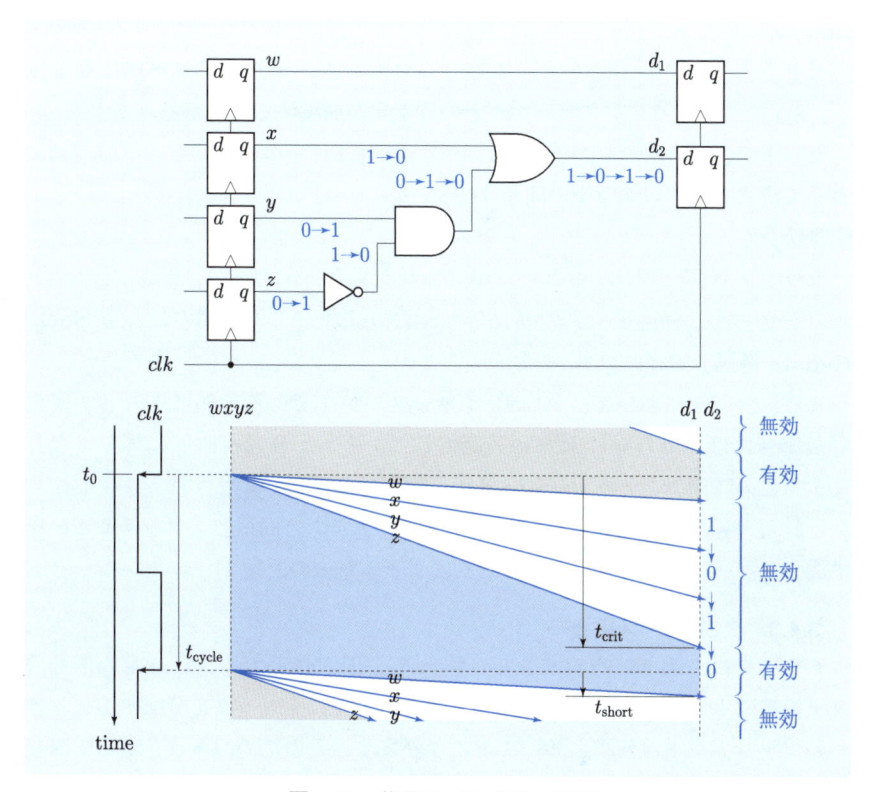

図 8.9 複数のパスを持つ回路

サイクル・タイムを t_cycle とすると，次のクロック・エッジは，時刻 $t_0 + t_\text{cycle}$ になります．このクロック・エッジにおいて，FF の出力は次のサイクルの値に変わります．ショート・パスの遅延を t_short とすると，回路の出力は，次に入力が変化してから t_short 後には，無効になってしまいます．

8.4.2　ラッチとフリップ・フロップのタイミング制約
■ セットアップ・タイム，ホールド・タイム ■

8.3 節では「瞬間」といいましたが，ラッチや FF による入力のサンプリングには有限の時間がかかります．具体的には，サンプリングするクロック・エッジより t_setup だけ前から t_hold だけ後まで，入力を一定に保つ必要があります．t_setup を**セットアップ・タイム** (set-up time)，t_hold を**ホールド・タイム** (hold time) といいます.

セットアップ/ホールド・タイムが守られないと，出力が予測不能になるほか，8.5 節で述べるメタステーブルという現象が発生することがあります.

セットアップ/ホールド・タイムは，ラッチや FF を構成するゲートの遅延によって決まります（本章末の問題 1）．

▌遅延▐

セットアップ/ホールド・タイムが守られた場合，出力 q は，サンプリング・エッジから t_{c-q} 経過後に入力 d に等しくなります．この時間のことを **clock-to-data 遅延** (delay) といいます.

また，ラッチにおいて，ラッチ・イネーブルが 1 である期間に入力 d が変化した場合には，出力 q は入力 d が変化してから t_{d-q} 経過後に d に等しくなります．この時間のことを **data-to-data 遅延** (delay) といいます．

これらの遅延も，セットアップ/ホールド・タイムと同様に，ラッチや FF を構成するゲートの遅延によって決まります（本章末の問題 1）．

8.4.3 クロック・スキュー

クロックは，チップ内のすべてのラッチ，FF に配られます．通常の信号のファンアウトが平均 4 程度であることを考えると，クロックを分配するドライバのファンアウトは何桁も多いことになります．そのため，ツリーを構成して個々のドライバのファンアウトを抑えることが一般的です．その一方で，クロック信号が個々の FF に到着する時刻に「ずれ」が生じることが避けられません．このような「ずれ」のことを**スキュー** (skew) といいます．

次節で詳しく述べるように，クロック・スキューはサイクル・タイムを実質的に増加させてしまいます．近年では，高クロック化にともなって，スキューの影響が増大しています．

8.4.4 クロッキング方式

▌単相ラッチ▐

Dラッチを用いれば，ラッチ・イネーブル e を $e = 1$ にして値を書き込み，$e = 0$ にして保持させることができます．したがって，ラッチ・イネーブルをクロックに接続すれば，同期式順序回路を構成できるような気がします．しかし実際には，そう簡単にはいきません．たとえば，p.58 の図 4.4 の D-FF を D

ラッチに置き換えても，所望の動作をさせることができません．

図 8.10 (a) に，その場合の信号の伝わり方を示します．左右にある D ラッチは同じものと考えてください．ラッチの下に引いてある線は，点線がラッチが「開い」ていることを，実線が「閉じ」ていることを表します．青い矢印が信号の伝わりを示します．clk が 1 になると，ラッチが「開」き，d にたどり着いていた信号が q に伝わります．さらに，ロジックを通って d へと伝わります．このとき，ラッチはまだ「開い」ていますので，信号は再び q へと伝わってしまいます．

順序回路の記憶素子として用いるためには，1 サイクルに 1 回のみ，信号が通過するようにしなければなりません．2 回通過すると，次状態の次の状態へ遷移してしまいます．図 8.10 (a) のような場合，信号が 1 回のみ伝わるように，クロックの周期とロジックの遅延を精密に調整する必要があります．

■単相フリップ・フロップ■

一方，D-FF を用いれば，p. 58 の図 4.4 のように，より簡単に順序回路を構成することができます．

図 8.10 (b) に，D-FF を用いた場合の信号の伝わり方を示します．二重の実線は，それぞれマスタ・ラッチ，スレーブ・ラッチが「閉じて」いる期間を表します．D-FF では，図 8.10 (a) に示した D ラッチの場合とは異なり，すべてのラッチが「開いて」いる期間がありません．そのため，信号が 2 度（以上）通過することがありません．

■2 相ラッチ■

D-FF を構成するマスタ・ラッチとスレーブ・ラッチは，必ずしも一体である必要はありません．図 8.10 (c) に，逆相で動作するラッチを交互に用いた場合の信号の伝わり方を示します．D-FF を用いた場合と同様，すべてのラッチが「開いて」いる期間がなく，信号が 2 度（以上）通過することがありません．

ラッチを用いたシステムは，D-FF を用いた構成に比べて，設計がやや煩雑になりますが，タイミング制約が緩くなります．ラッチを用いたシステムでは，ロジックを通過する時間をサイクル間で融通することができます．図 8.10 (c) に示した信号は，1 段目のロジックを早く通過していますので，長い時間をかけて 2 段目のロジックを通過しても間に合います．このことを**タイム・ボローイング (time borrowing)** といいます．この性質はまた，クロック・スキューに対する耐性にも効果があります[7]．

(a) 単相ラッチ

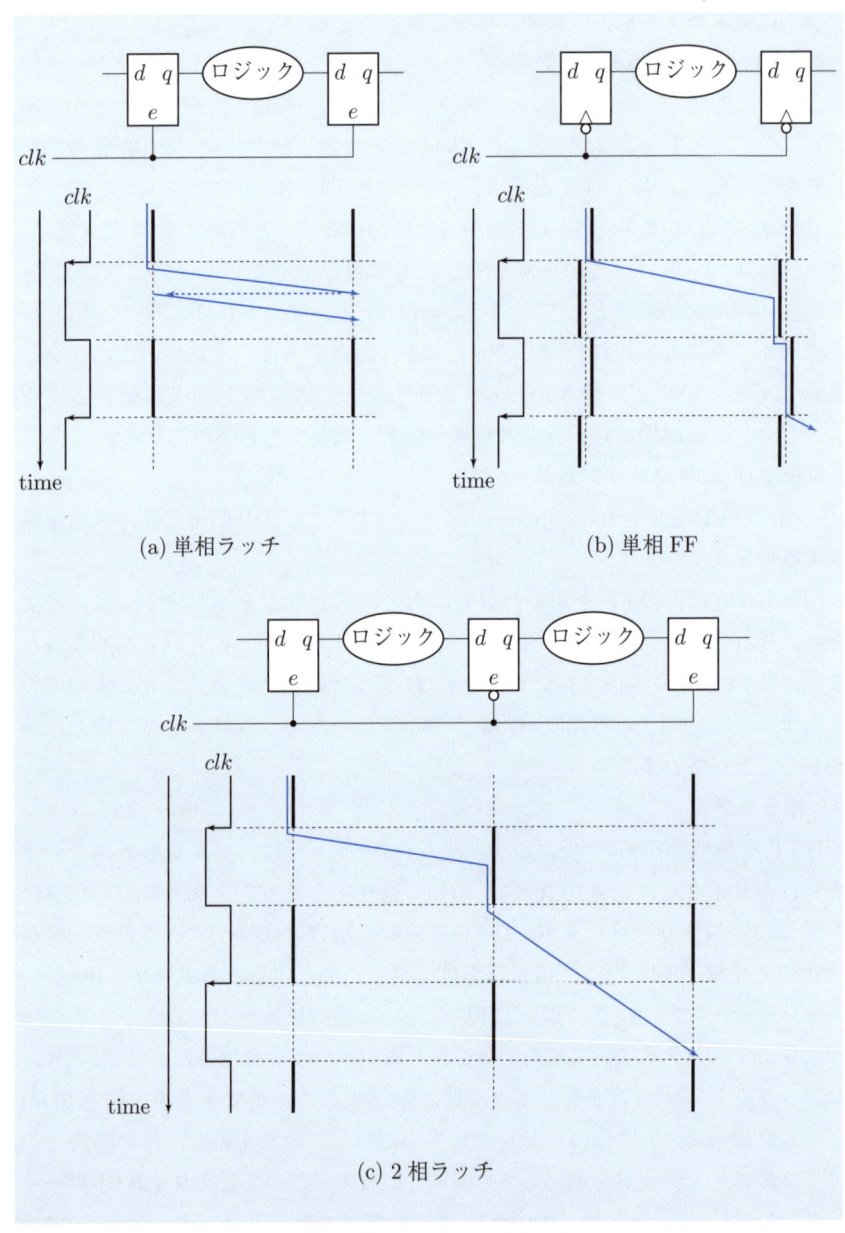

(b) 単相 FF

(c) 2相ラッチ

図 8.10　クロッキング方式

8.4.5 フリップ・フロップ・システムのタイミング制約

以下では，単相 FF システムを例に，タイミング制約について説明します．

図 8.11 に，2 つの FF 間の信号の伝搬の様子を示します．同図中には，いくつかの時間が記されています．t_{skew} は，クロック・スキューです．同図（上）の回路図では，クロック・スキューは，「負の遅延」を生じ得る「理想」遅延素子として表現してあります．図の方向に t_{skew} をとると，clk_s は clk_d より t_{skew} だけ遅れます．t_{skew} が負のときには，clk_d のほうが遅れることになります．

時刻 t_0 に前段の FF へのクロック clk_s が $1 \rightarrow 0$ に遷移すると，$t_{c\text{-}q}$ 後に q が有効になります．その後，信号は t_{crit} をかけてロジックを通過し，後段の FF の入力 d が有効になります．クロック clk_s が再び $1 \rightarrow 0$ に遷移すると，その $t_{c\text{-}q}$ 後には，前段の FF の出力 q は，次のサイクルの値に遷移してしまいます．その t_{short} 後には，後段の FF の入力 d は無効になります．

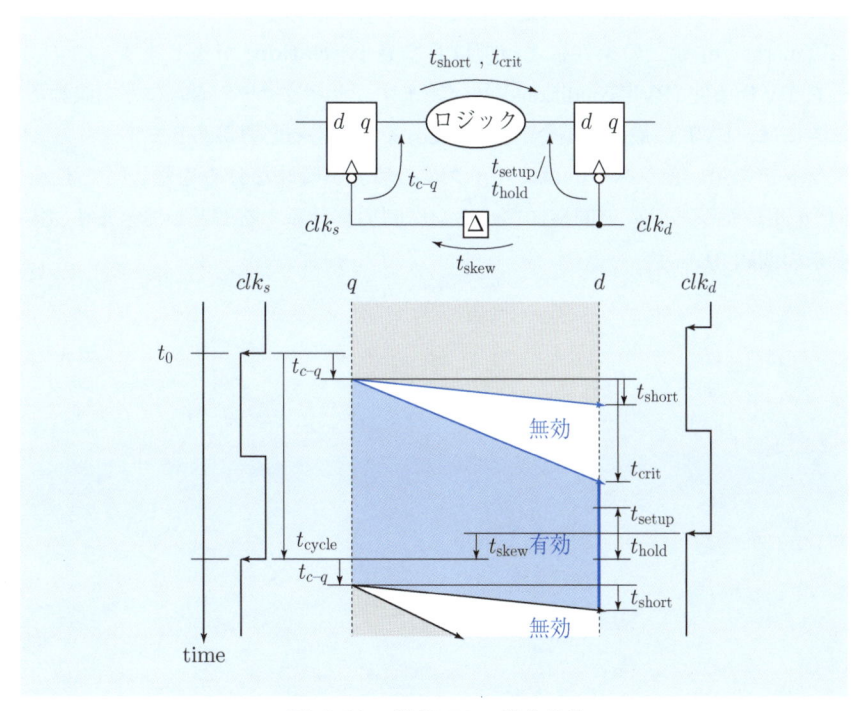

図 8.11 単相 FF の動作条件

前述したように，後段の FF の入力 d は，同じく後段の FF へのクロック clk_d のエッジに対して，t_setup 前から t_hold 後まで有効である必要があります．なお clk_d は，clk_s に対して t_skew だけ早まります．したがって，回路が正しく動作するためには，以下の 2 つの式が成立する必要があります：

$$t_\text{cycle} > t_{c\text{-}q} + t_\text{crit} + t_\text{setup} + t_\text{skew}$$
$$t_\text{hold} < t_{c\text{-}q} + t_\text{short} + t_\text{skew}$$

1 つ目の式は，セットアップに関する条件で，最小サイクル・タイム t_cycle を規定します．

2 つ目の式は，ホールドに関する条件です．t_hold は，通常ほぼ 0 です（本章末の問題 1）．しかし，t_skew が負で，clk_d が clk_s より遅れるときには，この条件が満たせないことがあります．その場合には，バッファを挿入するなどして t_short を増加させる必要があります．

なお，信号の遅延には，製造工程 (Process)，電源電圧 (Voltage)，動作温度 (Temperature) などの条件によって**ばらつき (variation)** が生じます．この 3 つを PVT 条件 (PVT conditions) といいます．サイクル・タイムなどを決めるときには，PVT の最悪の場合 (worst case) を見積もる必要があります．

ラッチを用いたシステムは，サイクルの境界が曖昧な分やや難しいですが，FF を用いたシステムと同様にタイミング制約を計算することができます（本章末の問題 3）．

8.5 同　期　化

　単一のクロックで動作している同期式順序回路の外部から信号を取り込むには，**同期化 (synchronization)** と呼ぶ処理を行う必要があります．外部からの信号としては，別のクロックで動作している回路からの入力や，機械スイッチからの入力などが挙げられます．

▍チャタリング▍

　機械スイッチを操作するときには，機械接点が閉じるときに，跳ね返って開いて，閉じて…ということがしばらく繰り返されます．この現象を，**チャタリング (chattering)** といいます．Chatter とは，擬態語で，「（機械などが）ガタガタする」という意味です．

　チャタリングの発振周期は，普通，クロック周期と比べて十分に長いので，そのまま入力すると複数回の操作として認識されてしまいます．

　チャタリングによる信号は，図 8.12 のように，SR ラッチを通すことで除去することができます．これは，SR ラッチのほとんど唯一の実用的な使用法となっています．SR ラッチの下流にある 2 段の FF は，以下で述べるメタステーブルへの対策のためのものです．

▍メタステーブル▍

　前述の機械スイッチからの入力など，同期式順序回路の外部からくる信号を FF に取り込むときには，8.4 節で述べたセットアップ/ホールド・タイムを保証することが原理的にできません．

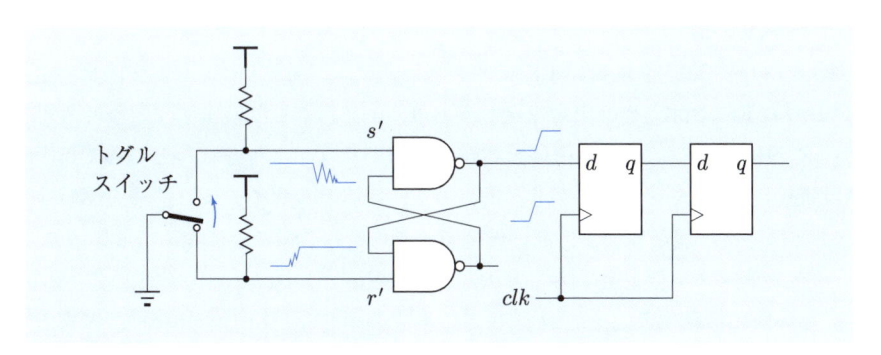

図 8.12　チャタリング除去回路

図 8.13 (a) メタステーブルの発生

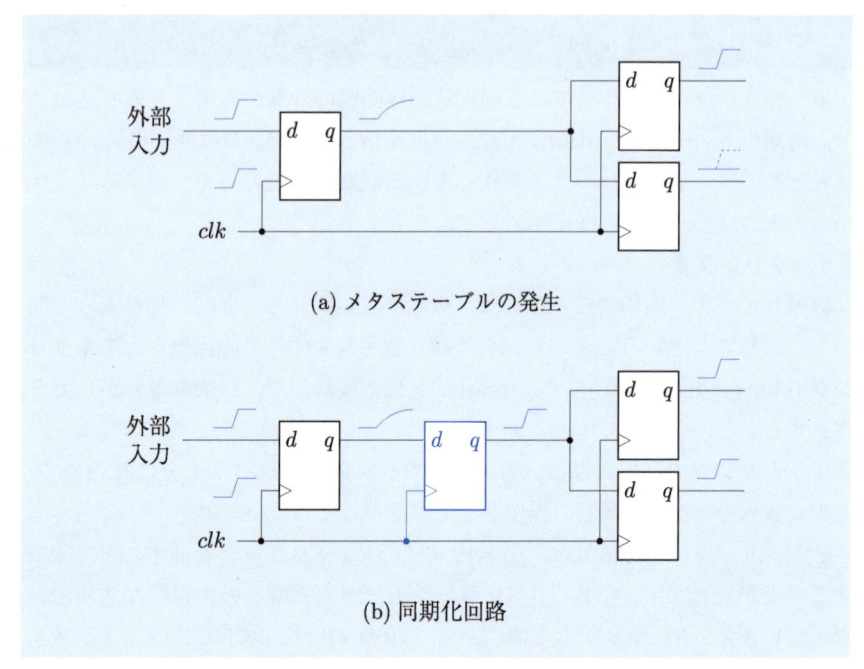

(b) 同期化回路

図 8.13 メタステーブルの発生と対処

セットアップ/ホールド・タイムが守れないときには、**メタステーブル (metastable)** という現象が起こることがあります。これは FF の出力が H, L の中間程度の値を取り続ける現象です。その持続時間は、1 クロック・サイクルを超えることがあります。

図 8.13 (a) では、1 段目の FF でメタステーブルが発生していて、2 段目の上下 2 つの FF では、その出力をそれぞれ 1, 0 と判定しています。どうせ外部からくる信号なので、その遷移を認識するのが数サイクル遅れたところでほとんど問題はありません。しかし、2 つの FF で別々のサイクルに遷移を認識することは通常、想定外です。高い確率で誤動作を起こすことになるでしょう。

メタステーブルを完全に防ぐ方法はありませんが、図 8.13 (b) のように、D-FF を多段に接続することで 2 段目での発生確率を、実用上十分な程度にまで下げることができます。

8.6 初期化とリセット

順序回路を初期状態に遷移させる**初期化 (initialization)** は，クロックと同じくらい重要です．前述したように，電源投入直後に FF が 0，1，どちらの状態をとるかは，予測不能 (unpredictable) です．初期化を行わなければ，その後の回路の動作も，同じく予測不能になります．

▎同期リセットと非同期リセット▎

初期化は，通常，FF の非同期リセット入力を用いて行います．

リセットには，**同期リセット (synchronous reset)** と**非同期リセット (asynchronous reset)** があります．

図 8.14 に，非同期リセット付き D-FF の構成例を示します．非同期リセット入力 rst' を $rst'=0$ とすると，出力は強制的に 0 になります．

一方，同期リセットは，ラッチや FF の機能ではありません．図 8.15（次ページ）右上の FF のように，入力を制御することで，クロックが入力されたときに FF の出力を 0 にすることです．

▎パワーオン・リセット▎

LSI チップは，通常，外部リセット端子を備えており，**パワーオン・リセット (power-on reset)** を行うアナログ IC に接続されています．この IC は，電源投入後，電源電圧とクロックが安定するまで，システム中のすべての LSI にリセットをかけます．電子機器が備える**リセット・スイッチ (reset switch)** は，通常，この IC を強制的に作動させます．

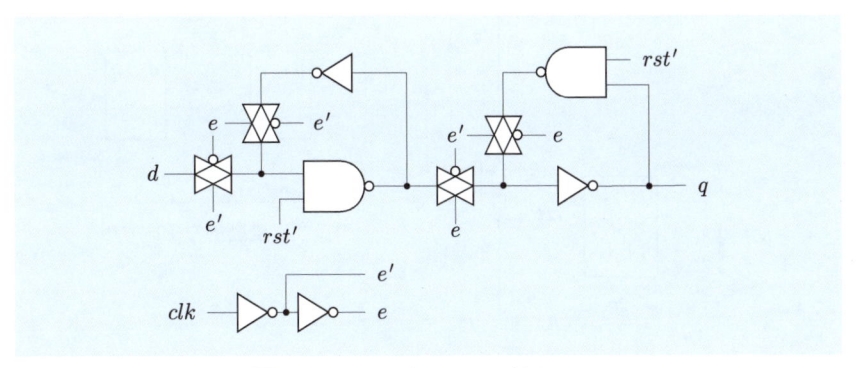

図 8.14　非同期リセット付き D-FF

■ リセットの解除 ■

リセットで難しいのは，リセットすることではなく，リセットを正しく解除することです．ある FF ではリセットが解除されているが，別の FF では解除されていないなどということが起こっては，正しく解除されたことにはなりません．原理的には，1 クロック・サイクル以内に，すべての FF のリセットを解除しなければなりません．

しかしリセットは，クロックと同様ほとんどすべての FF に配られているため，そのスキューも相当なものになります．1 クロック・サイクル以内に，すべての FF のリセットを解除するためには，クロックと同程度にスキューの小さい，高コストのネットワークが必要になります．

システム内の FF は，一般に，リセットが解除されるなり状態遷移を開始する能動的なものと，能動的な FF の状態が遷移した結果，状態遷移を開始する受動的なものに分けられます．能動的な FF の例としては，プロセッサのプログラム・カウンタが挙げられます．

そこで，図 8.15 に示すように，能動的なものだけ同期化されたリセット信号

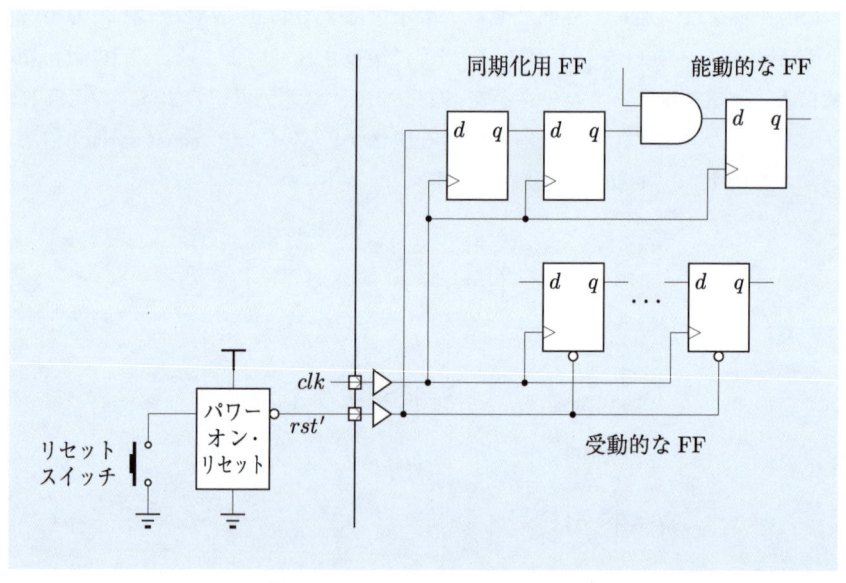

図 8.15　パワー・オン・リセット

によって同期リセットを行い，受動的なものには同期化されていないリセット信号を配ることが考えられます．こうすることによって，数少ない能動的な FF だけを 1 サイクル以内にリセット解除すればよくなります．受動的な FF は，ある程度バラバラとリセット解除されても OK です．

> ### ☕ 学生実験とリセット
>
> 　学生実験などで回路を設計すると，よく，リセット・スイッチを連打する学生さんが現れます．
>
> 　外部からのリセット入力を FF の非同期リセット端子に接続すると，リセットが解除されるタイミングとクロックとのずれによって，正しくリセットされたりされなかったりします．実験で用いるようなクロックが遅い回路の場合には，このような設計でもそこそこの確率でリセットが成功します．学生さんは，確率的にリセットができることを「学習」して，スイッチを連打するようになるようです．
>
> 　ただしもちろん，クロックが速くなれば，このような設計ではリセットが成功する確率はほとんど 0 になります．
>
> 　できれば，正しいリセットの方法を「学習」してほしいものです．

8.7 非同期式順序回路

非同期式順序回路 (asynchronous sequential circuit) は，端的にいえば，クロックを用いない順序回路です．非同期式回路は，現在ではほとんど使用されていません．本書では，設計法など，その詳細については踏み込みませんが，同期式順序回路についてより深く理解するために紹介します．

■ 非同期式順序回路の概要 ■

非同期式順序回路では，クロックに同期してではなく，任意の入力の変化によって状態変化が起こります．p.58，図 4.4 の同期式回路と同じ機能を持つ非同期式回路のタイミング・チャートを図 8.16 (b) に示します．クロックはなく，入力 x の変化に応じて出力 z が変化しています．

図 8.16 (a) に，その回路図を示します．同図の y_1，y_2 のように，非同期式順序回路には配線からなる帰還ループがあり，回路全体によって記憶を形成しています．つまり，ロジックと記憶の機能が分かちがたく混在しているのです．

状態遷移を正しく行うため，8.4.1 (p.131) で述べたハザードの除去は，非同期式回路では必須です．同項で出した図 8.8 は，図 8.16 (a) の Y_1 についてハザードの除去を行ったものです．

■ 非同期式と同期式順序回路 ■

前述したように，非同期式順序回路は現在ではほとんど使用されていません．安定な動作を保証する設計が同期式に比べて難しいためです．

ラッチや FF，それら自体は非同期回路です．たとえば，図 8.4 (c) の D ラッチには 2 つのパス・ゲートがありますが，これら 2 つのゲートがほぼ同時に動作しないとラッチとして正しく動作しません．ここでハザードが発生しています．ほぼ同時に動作することは，これら 2 つのゲートが物理的に近くに配置されることなどによって保証されています．

同期回路は，非同期的な部分をラッチや FF の内部に閉じ込めて残りの部分と分離することによって，設計を簡単化したものととらえることができます．ラッチや FF が正しく動作させことはラッチや FF の設計者の仕事です．同期回路の設計者は，ラッチや FF 自体が正しく動作するかどうかを気にする必要はありません．

8.7 非同期式順序回路

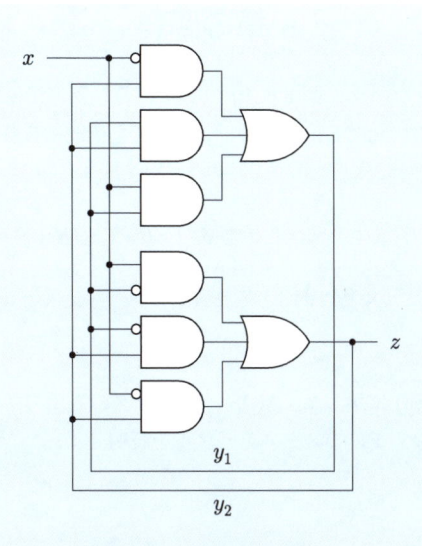

(a) 論理回路図

(b) タイミング・チャート

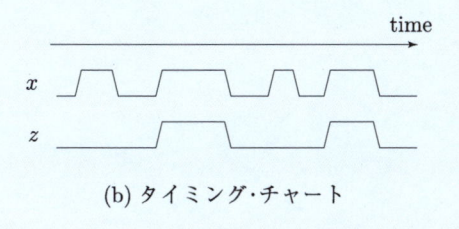

図 8.16 図 4.4 の非同期式順序回路

表 8.1 図 8.16 (a) の回路の状態遷移表

y_1y_2	Y_1Y_2 $x=0$	$x=1$
00	⑩⓪	01
01	11	⓪①
11	⑪	10
10	00	⑩

8 章の問題

☐ **1** 図 8.4 (c) の D ラッチ，図 8.6 (b) の D-FF のセットアップ/ホールド・タイムをそれぞれ計算せよ．ただし，D ラッチ，D-FF を構成する各ゲートの遅延を 1 としてよい．

☐ **2** 図 8.6 (a) を参考に，エッジ・トリガ型の SR, T, JK-FF をそれぞれ構成せよ．

☐ **3** 図 8.11 を参考に，単相，および，2 相のラッチ・システムのタイミング制約を求めよ．

☐ **4** 図 5.12 (a) (p. 83) に示した CMOS インバータの入出力特性から，インバータ 2 個のループからなる FF のメタステーブルを説明せよ．

9 機能的な順序回路

本章では，7 章に続いて，機能的な順序回路を紹介します．

> **9 章で学ぶ概念・キーワード**
> - レジスタ
> - レジスタ・ファイル
> - カウンタ
> - シフト・レジスタ
> - FIFO メモリ

9.1 レジスタ

n-bit の**レジスタ** (**register**) は，D-FF（あるいは，D ラッチ）を，単に n 個並べたもので，n-bit のバンドルの値を記録するために用いられます．

■ライト・イネーブル■

レジスタには，通常，**ライト・イネーブル** (**write enable**) 入力があり，レジスタへの書き込みを制御します．たとえばエッジ・トリガ型の FF をベースにする場合，動作エッジにおいて，ライト・イネーブルが 1 のときには書き込みが行われますが，0 のときにはそのときの内容が保持されます．

図 9.1 (a) に，ライト・イネーブル付きの 4-bit レジスタの回路図を示します．D-FF にライト・イネーブル機能を追加するには，外部からの入力 d と D-FF 自身の出力 q とをセレクタで選択すれば OK です．$we = 1$ のときには，外部からの入力 d が書き込まれます．$we = 0$ のときには，そのとき記憶している値が再び書き込まれ，次のサイクル（以降）もその値が保持されるわけです．

(a) セレクタ   (b) クロック・ゲーティング

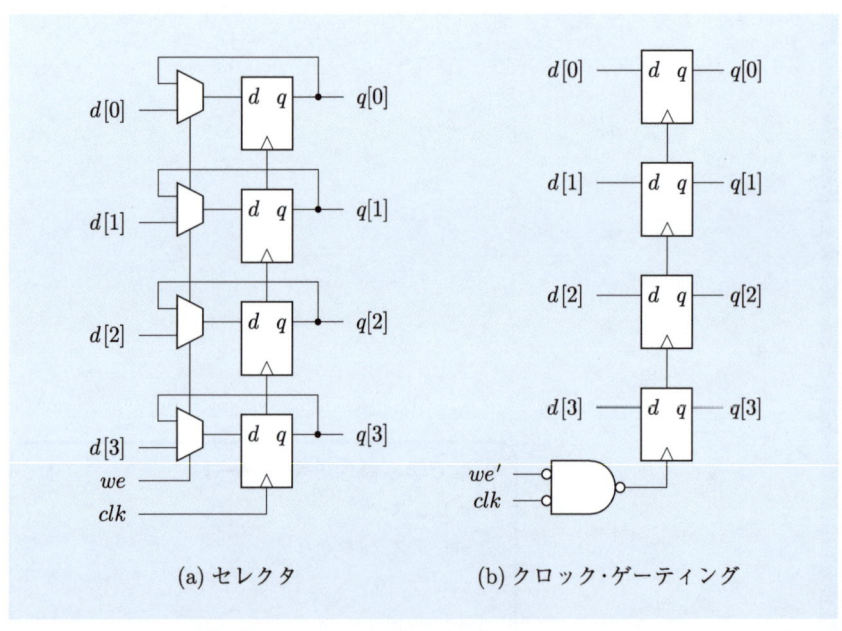

図 9.1　ライト・イネーブル付き 4-bit レジスタ

9.1 レジスタ

■ クロック・ゲーティング ■

図 9.1 (b) に，少し乱暴な方法を示します．同図では，クロックを we' でゲートすることによって，ライト・イネーブルを実現しています．この手法を，**クロック・ゲーティング (clock gating)** といいます．この回路では，先に述べたセレクタを用いる方法に比べて，大幅にゲート数が削減されています．

図 9.2 に，クロック・ゲーティングのタイミング・チャートを示します．サイクル c_0 では，ライト・イネーブル we' がアサートされているので，D-FF へのクロック $clk + we'$ にポジティブ・エッジが現れています．一方，サイクル c_1 では，we' がアサートされていないので clk の $1 \to 0 \to 1$ 遷移が遮断されています．サイクル c_2 とサイクル c_3 では，we' の遷移が遅れた場合を表しています．サイクル c_2 は問題ありませんが，サイクル c_3 では clk に望まないエッジが現れてしまっています．すなわち，この回路では，周期の前半までに we' を確定させる必要があるのです．セレクタを用いる方法では，このような制約はありません．

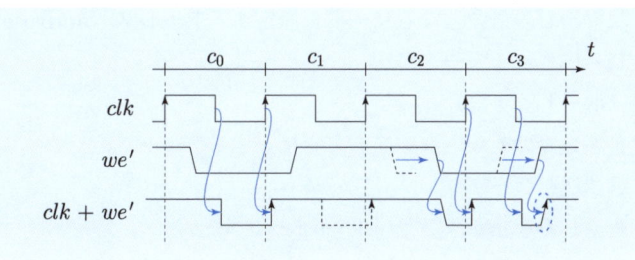

図 9.2 クロック・ゲーティングのタイミング・チャート

☕ 省電力とクロック・ゲーティング

最近では，ディジタル回路に対する省電力化の要求がますます厳しくなっています．省電力技術の 1 つとして，動作しない回路ブロックへのクロックの供給を停止することがあります．後者もまたクロック・ゲーティングといいます．クロックをゲートするのは同じですが，本節で述べたものとは目的が違います．

クロックが停止すれば，記憶素子では出力が変化せず，ロジックではスイッチングが起こりません．5.4 節で述べたように，CMOS では，スイッチングが起こらなければ消費電力を大きく削減することができます．

9.2 レジスタ・ファイル

複数のレジスタをまとめたものを**レジスタ・ファイル** (register file) といいます．

レジスタ・ファイルにおける各レジスタを**ワード**（word，語）といいます．各ワード（レジスタ）のビット数とワード数（レジスタの本数）の組み合わせを，レジスタ・ファイルの**語構成** (word configuration) といいます．各レジスタのビット数が n でレジスタの本数が m であるとき，しばしば，$n\text{-bit} \times m\text{-word}$ と表記します．図 9.3 に，$n\text{-bit} \times 4\text{-word}$ のレジスタ・ファイルを示します．

レジスタ・ファイルは，読み出しを行うための 1 つ以上の**リード・ポート** (read port) と，書き込みを行うための 1 つ以上の**ライト・ポート** (write port) を持ちます．図 9.3 では，各ポートは以下のような信号によって構成されています：

- リード・ポート
  - ra　読み出しの対象となるワードを指定する**アドレス**（address）．
  - rd　読み出されるデータ．
- ライト・ポート
  - wa　書き込みの対象となるワードを指定するアドレス．
  - wd　書き込むデータ．
  - we'　書き込みを指示するライト・イネーブル．

ライト・ポートは，7.5 節で述べたデコーダを用いて構成することができます．アドレス wa を指定して，ライト・イネーブル we' をアサートすると，デコーダが対応するレジスタの we' をアサートするので，そのレジスタに wd の値が書き込まれることになります．wd はすべてのレジスタにつながっていますが，それ以外のレジスタには書き込みは行われません．

リード・ポートは，7.4 節で述べたセレクタを用いて構成することができます．読み出しは，セレクタによって対応するレジスタの出力を選択するだけです．ワード数が多い場合には，6.4 節で述べたダイナミック・ロジックを用いたセレクタを使用します．

■ 多ポートのレジスタ・ファイル ■

図 9.3 のレジスタ・ファイルには，リード・ポートとライト・ポートがそれぞれ

9.2 レジスタ・ファイル

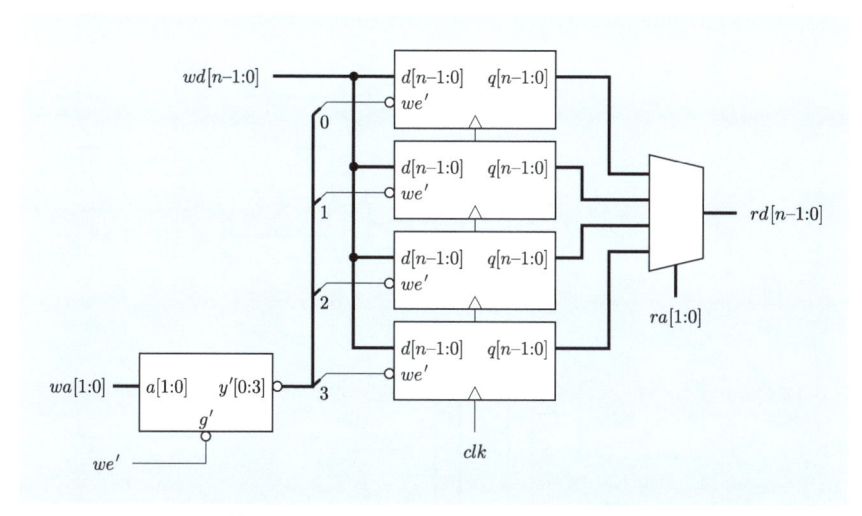

図 9.3 n-bit × 4-word レジスタ・ファイル

1本ずつあります．この構成を，1-read, 1-write といいます．

1-read, 1-write 構成では，当然のことですが，1つの読み出しと1つの書き込みしか同時に行うことができません．一度に行える読み出し，書き込みの数を増やすには，その分だけポートを追加する必要があります．

図 9.3 のレジスタ・ファイルをベースにする場合，リード・ポートを増やすには，セレクタを追加すれば OK です．

ライト・ポートを追加するには，少々工夫が必要です．図 9.4 に，図 9.3 のレジスタ・ファイルを 2-write にしたもの（ライト・ポート側）を示します．2つのライト・ポート 0 番と 1 番は，信号名にそれぞれ [0] と [1] を付加することによって区別しています．

2-write にするには，まず，ライト・アドレスをデコードするためのデコーダが 2 つ必要です．2 つのデコーダからのライト・イネーブルは，2 入力 AND ゲートによってまとめています．また，ライト・データを選択するためのセレクタが必要になります．セレクタの選択入力には，ライト・イネーブル $y'[0][0:3]$ をつないでいます．ライト・ポート 0 がアドレス 0 のワードに書き込みを行うとき，$y'[0][0] = 0$ となって，セレクタは $wd[0]$ を選択します．

ということは，2 つのライト・ポートが同時に同じワードに書き込みを行おう

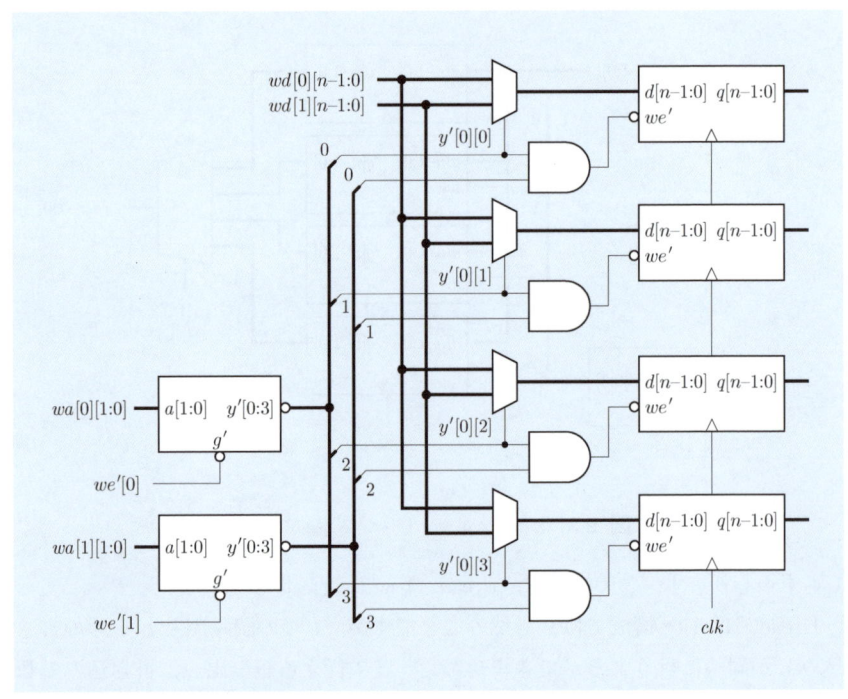

図 9.4 2-write n-bit × 4-word レジスタ・ファイル（ライト・ポート側）

とすると，0 の側が優先され，ポート 1 の書き込みは破棄されます．このような**競合** (**conflict**) を検出するため，複数のライト・ポートを持つレジスタ・ファイルには，通常，書き込みアドレスの一致比較器が付加されます．

9.3 カウンタ

数を数える機能を持つレジスタを**カウンタ** (counter) といいます．カウンタのうち，カウント・アップするもの，カウント・ダウンするもの，両方ができるものを，それぞれ，**アップ・カウンタ** (up counter)，**ダウン・カウンタ** (down counter)，**アップ/ダウン・カウンタ** (up/down counter) といいます．

カウンタには，どのような符号（7.2 節参照）を採用するかによって，さまざまなバリエーションが考えられます．

最も一般的なのは，二進符号を採用する**バイナリ・カウンタ** (binary counter) です．単にカウンタといった場合には，通常，バイナリ・カウンタを指します．

ワン・ホット符号を採用するカウンタは**リング・カウンタ** (ring counter) といいます．リング・カウンタについては，次節で述べます．

▎バイナリ・カウンタ▎

74 シリーズのような IC の時代には，バイナリ・カウンタの IC は有用でした．しかし，LSI の内部に組み込む場合には，レジスタと 10.4 節で述べるアダー（加算器）で構成するほうが効率的です．すると，バイナリ・カウンタは，図 9.5 のようになります．$enable'$ をアサートしないと，データをホールドします．$down/up'$ とは，1 ならダウン，0 ならアップという意味です．$enable'$ をアサートするとカウント，同時に $load'$ をアサートすると，データ d を**ロード** (load) します．

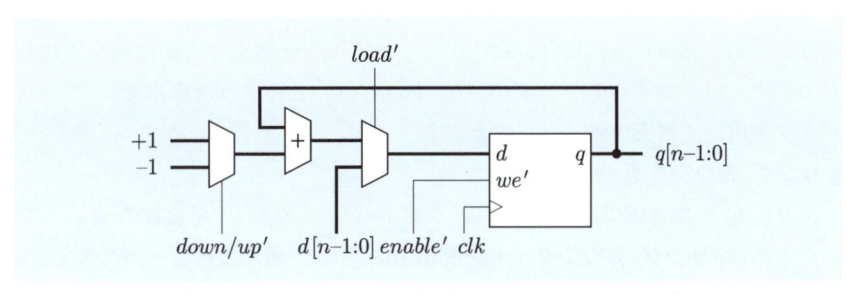

図 9.5　バイナリ・アップ/ダウン・カウンタ（74191）

9.4 シフト・レジスタ

0010 → 0100/0010 → 0001 のように，ビット列を左/右にずらす操作を**左シフト (shift left)** /**右シフト (shift right)** といいます．**シフト・レジスタ (shift register)** は，その名の通り，シフト機能を持ったレジスタです．

■ シフト・レジスタの入出力 ■

シフト・レジスタの内容を，たとえば左シフトすると，右から 1 bit を補ってやる必要がありますし，逆に左からは 1 bit こぼれて出てきます．これらの 1 bit の入/出力を，**シリアル・イン (serial-in)** /**シリアル・アウト (serial-out)** といいます．それに対して，通常のレジスタとしての n bit の入/出力を，**パラレル・イン (parallel-in)** /**パラレル・アウト (parallel-out)** といいます．

■ 左/右シフト，パラレル・ロード可能なシフト・レジスタ ■

n bit のシフト・レジスタに n bit のデータを書き込むことを，特に**パラレル・ロード (parallel load)** といいます．

図 9.6 (a) に，左/右シフト，パラレル・ロード可能なシフト・レジスタの回路図を示します．入力 $s[1:0]$ は，動作モードの指定を行います．$s[1:0] = 00$ で**ホールド（hold）**，01 で右シフト，10 で左シフト，11 でパラレル・ロードです．sil/sir は，左/右シフト時のシリアル・インです．シリアル・アウトは，パラレル・アウトの $po[0]$，$po[3]$ で代用できます．

シフトは，左/右の D-FF の出力を選択することで実現されます．図中，青色で描いた信号線は，右シフト用のデータ線です．

実際には，このような機能てんこ盛りのシフト・レジスタはあまり使い道がありません．図 9.6 (b) は，図 9.6 (a) からホールドと右シフトの機能を省いたものです．以下で述べるリング・カウンタなどは，このような簡単なシフト・レジスタを用いて構成することができます．

■ リング・カウンタ ■

図 9.6 (b) 中に青線で示したように，シフト・レジスタの so を自身の si につないだものは，**リング・カウンタ (ring counter)** として使用することができます．

リング・カウンタとして使用するには，このレジスタ $pi[3:0]$ に 0001 を入力します．$s = 1$ として 0001 をロードしたあと $s = 0$ とすると，1 クロックごとに，0001 → 0010 → 0100 → 1000 → 0001 → と，1 の位置がくるくると変

(a) 左/右シフト，パラレル・ロード可能　　(b) パラレル・ロード可能

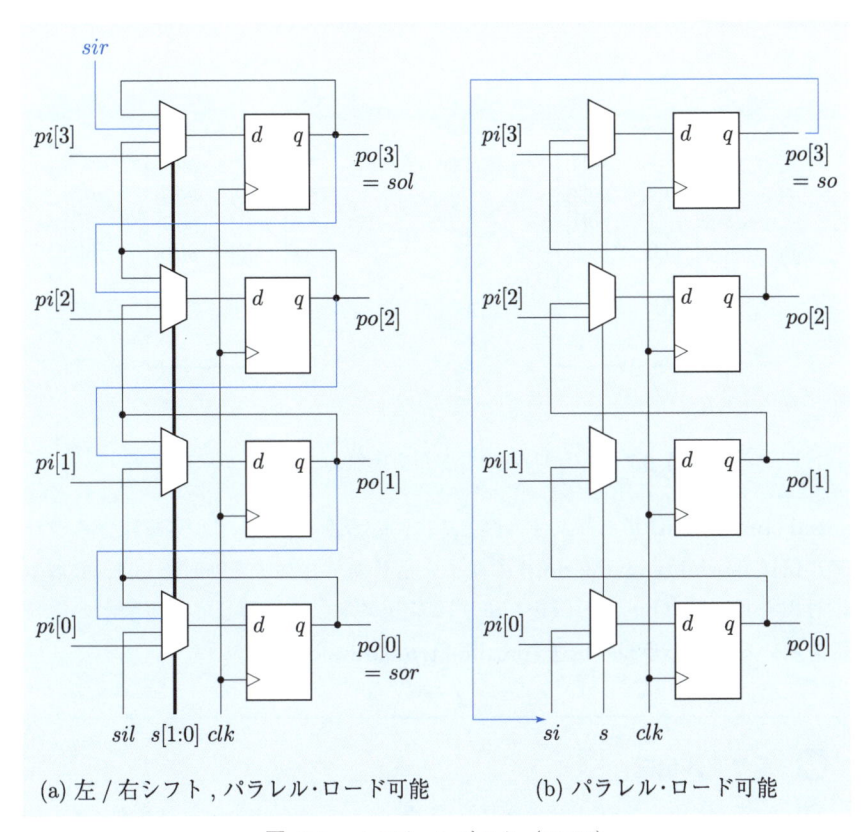

図 9.6　シフト・レジスタ（74299）

わっていきます．

　リング・カウンタは，実際には，カウンタとしてより，n 状態の状態機械として使用されます．n が十分に小さいとき，n 状態の状態機械は，二進符号を用いて $\lceil \log_2 n \rceil$ 個の D-FF に状態割り当てを行うより，ワン・ホット符号を用いて n 個の D-FF に状態割り当てを行うほうが，全体の回路が簡単になることも多いのです．リング・カウンタは，n 個の状態を順にたどるような状態機械に対してワン・ホット符号を用いると現れます．実際の回路設計では，そのような状態機械は少なくありません．

■ パラレル/シリアル変換 ■

　シフト・レジスタの有用な用途の 1 つに，**パラレル/シリアル変換** (**parallel/**

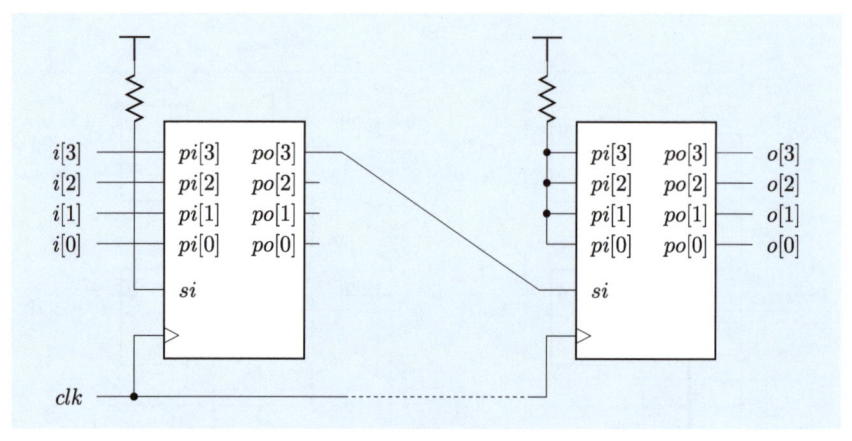

図 9.7 パラレル/シリアル変換によるシリアル伝送

serial conversion) があります．図 9.7 に，パラレル/シリアル変換による**シリアル伝送 (serial transmission)** の様子を示します．シリアル伝送では，1 本の信号線を用いて 1 bit ずつ伝送します．シリアル伝送に対して，複数本の信号線を用いるのは**パラレル伝送 (parallel transmission)** といいます．

> ### ☕ シリアル伝送
>
> シリアル伝送は，信号線の本数が少ないため，ケーブルを細く軽く柔らかく作ることができます．そのほかにもシリアル伝送には，逆説的ですが，パラレル伝送より高速化が容易であるというメリットもあります．
>
> パラレル伝送では，一度に信号線の本数だけデータを送れるので，同じクロックならパラレル伝送のほうが高速なのは明らかです．しかし近年，パラレル伝送では，これ以上高クロック化することが困難になってきています．パラレル伝送の場合には，複数の信号線間で信号の到着時刻にずれ ── **スキュー** (skew) が生じます．主にこのスキューの影響のため，パラレル伝送は単純に高クロック化することができないのです．
>
> 近年の伝送技術の進歩によって，シリアル伝送では，信号線の本数の少なさを補って余る高クロック化が可能になりました．そのため近年では，むしろ高速なインタフェースがシリアル化される傾向にあります．みなさんの身の回りにあるケーブルのほとんどは，シリアル伝送用のものになっていると思います．

9.5 FIFO メモリ

9.5.1 キュー，スタック，デク

9.2 節で述べたレジスタ・ファイルは，いつでもどのエントリに対しても読み書きを行うことができます．このことを，**ランダム・アクセス**が可能であるといいます．このような**データ構造** (data structure) は，**永続的** (persistent) なデータを格納するのに適しています．

それに対して，データの並びの両端に対してのみデータの**挿入** (insertion) と**削除** (deletion) が行えるデータ構造は，**一時的** (temporary) な記憶用として非常に有用です．

このようなデータ構造は，どちらの端に挿入，削除が行えるかによって，以下の 3 種に分類できます：

- **キュー** 一方の端から挿入し，逆の端から削除するものを**キュー** (queue) といいます（図 9.8 (a)）．Queue とは「行列」のことで，ラーメン屋にできるような「行列」を想像してもらって大丈夫です．

  キューの**末尾** (tail) にデータを挿入することを**エンキュー** (enqueue)，**先頭** (top) からデータを削除することを**デキュー** (dequeue) といいます．

- **スタック** 一方の端から挿入と削除を行うものを**スタック** (stack) といいます（図 9.8 (b)）．Stack とは，「積んであるもの」のことで，「本の山」のようなものを想像してください．下のほうにある本を抜き取ることはできません．

  スタックの一番「上」のことを**スタック・トップ** (stack top)，一番「下」のことを**スタック・ボトム** (stack bottom) といいます．

  スタックにデータを挿入することを**プッシュ** (push)，スタック・トップにあるデータを削除することを**ポップ** (pop) といいます．

- **デク** 両端に対して，挿入と削除が行えるものを**デク** (deque) といいます（図 9.8 (c)）．Deque とは，double-ended queue の略で，発音は deck と同じです．「デキュー」と読むと，dequeue のことになってしまいます．

これらのうちでは，キューとスタックが特に重要です．デクは，カタログをコンプリートするために考えられたようなもので，実際に使われることは稀です．

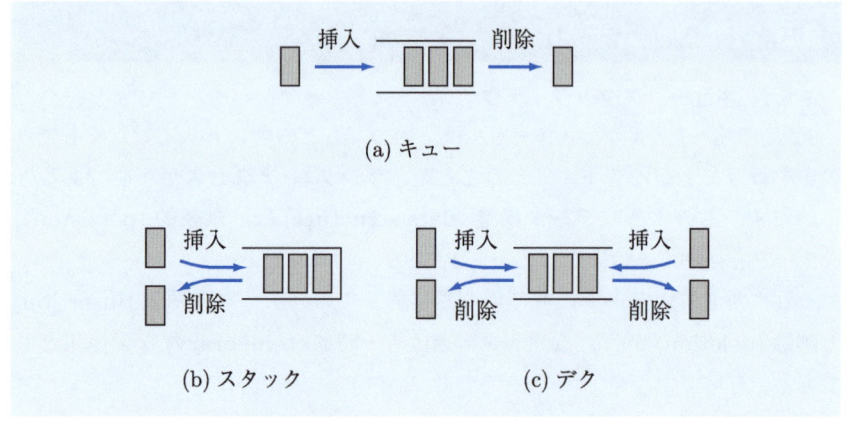

図 9.8 キュー，スタック，デク

キューは，最初に入れた (first-in) データが最初に出される (first-out) ため，**FIFO**(ファイフォ)と呼ばれます．それに対して，スタックは，最後に入れた (last-in) データが最初に出される (first-out) ため，**LIFO**(ライフォ)と呼ばれます．

9.5.2 FIFO メモリによるバッファ

FIFO メモリは，ディジタル回路では，**バッファ (buffer)** メモリとして，非常によく利用されます．**生産者 (producer)** モジュールが生産したデータを**消費者 (consumer)** モジュールが消費するとしましょう．バッファは，生産者と消費者の間に位置して，両者の処理速度の変動を吸収します．バッファがあれば，生産者はバッファが一杯（**full**，**フル**）になるまで，消費者はバッファが

📖 FIFO

実際には，スタックを LIFO と呼ぶことはあまりありません．それに対して，特にディジタル回路の分野では，キューよりむしろ FIFO という名前が好んで使われます．

厳密にいえば，FIFO，LIFO は形容詞です．したがって，キューと同じ「もの」を指すには，「FIFO メモリ」という必要があります．しかし，FIFO メモリは大変よく使われるので，「FIFO メモリ」の意味で「FIFO」といってしまうこともしばしばです．

空（**empty**, **エンプティ**）になるまで，作業を続けることができます．もしバッファがなければ，生産者と消費者は，お互いの処理が終わるのを待ってデータを受け渡す必要があります．ちなみに，バケツ・リレーというと，普通，バケツを手渡しすると思いますが，これはバッファがない例になります．バケツを手渡しするためには，次の人の手が空くまでバケツを持って待っていないといけません（本章末の問題 3）．

9.5.3 FIFO メモリの構成

FIFO メモリは，レジスタ・ファイル（あるいは，11.2 節で述べる RAM）を用いて構成する方法と，シフト・レジスタを用いて構成する方法があります．

■ **レジスタ・ファイルによる FIFO メモリの構成** ■

図 9.9 に，レジスタ・ファイルによる FIFO メモリの構成を示します．n-bit × w-word の FIFO メモリを構成するには，同じく n-bit × w-word のレジスタ・ファイルを用います．

先頭/末尾のアドレスを，アップ・カウンタを用いて保持します．このカウンタ（の内容）は，それぞれ，**リード・ポインタ** (**read pointer**, rp)，**ライト・ポインタ** (**write pointer**, wp) といいます．リード/ライト・ポインタは，それぞれ，デキュー時/エンキュー時にカウント・アップします．

アップ・カウンタは，0, 1, 2, … とカウント・アップして，$w-1$ の次には，0 に戻るようにします．このことを**ラップアラウンド** (**wrap-around**) といいます．すると，図 9.10 のように，レジスタ・ファイルの各レジスタを，リング状に使用することになります．このような構成を，**リング・バッファ** (**ring buffer**)

> 💻 バッファ
>
> バッファとは，緩衝，すなわち，「衝撃・衝突を緩和するもの」です．このようにおおざっぱな意味なので，情報に限らず，あらゆる分野でさまざまな「バッファ」が用いられています．
>
> 最も巨大なものでは，大国の間に位置して，大国同士の衝突を防ぐ役割を果たしている国を，buffer state（緩衝国）といいます．
>
> 本節で挙げたバッファ・メモリは，生産者と消費者の速度差を埋めるものです．
>
> 6.3 節で挙げたバス・バッファは，電気的な衝突を避けるためのものです．

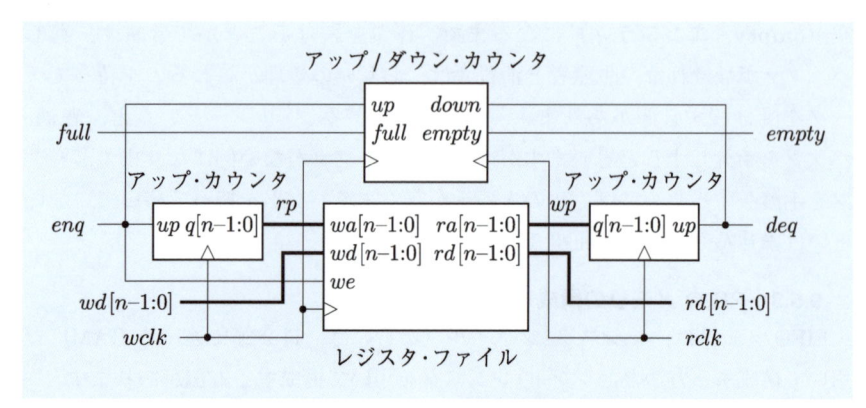

図 9.9 レジスタ・ファイルによる FIFO メモリの構成

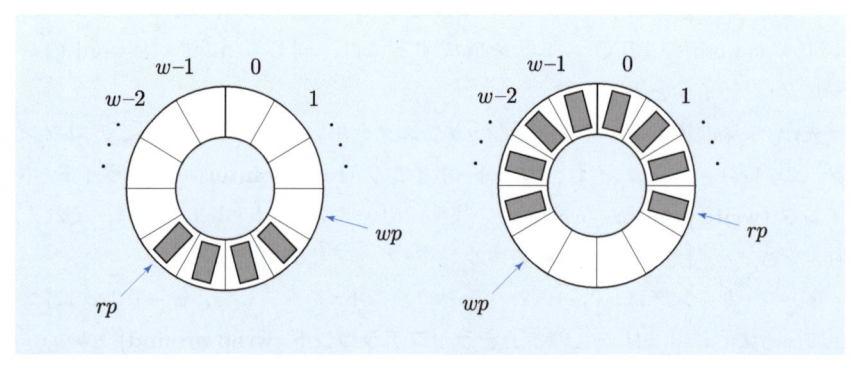

図 9.10 リング・バッファ

といいます.

エンプティのときには，リード・ポインタとライト・ポインタが同じエントリを指します．リング・バッファでは，エンプティのときに加えて，フルのときにもリード・ポインタとライト・ポインタが同じエントリを指すことになります．そのため，これらのポインタだけでは，キューのフル/エンプティを判定することができません．したがって通常は，図 9.9 に示したように，アップ/ダウン・カウンタを用いてキュー内のデータ数を数えます．エンプティのときに $empty$，フルのときには $full$ の**フラグ** (**flag**) をアサートするようにします (本章末の問題 2).

なお，この回路では，読み出し側/書き込み側に，異なるクロック $rclk/wclk$

を供給できるように描いてあります．このように，FIFO メモリは，異なるクロックで動くモジュール間のインタフェースとしても有用です．ただし，そのような場合にも正しく動作するように設計するには，8.5 節で述べた同期化の問題をクリアする必要があります．

■ シフト・レジスタによる FIFO メモリの構成 ■

n-bit × w-word の FIFO メモリは，w-bit のシフト・レジスタを n 個並べて構成することもできます．図 9.11 に，その回路図を示します．

デキューは，シフトによって行います．現実の行列で，先頭の人が抜けると全員が 1 人分前に進むのと同じです．エンキューも，現実の行列と同様に，末尾の位置を探して挿入します（本章末の問題 4）．

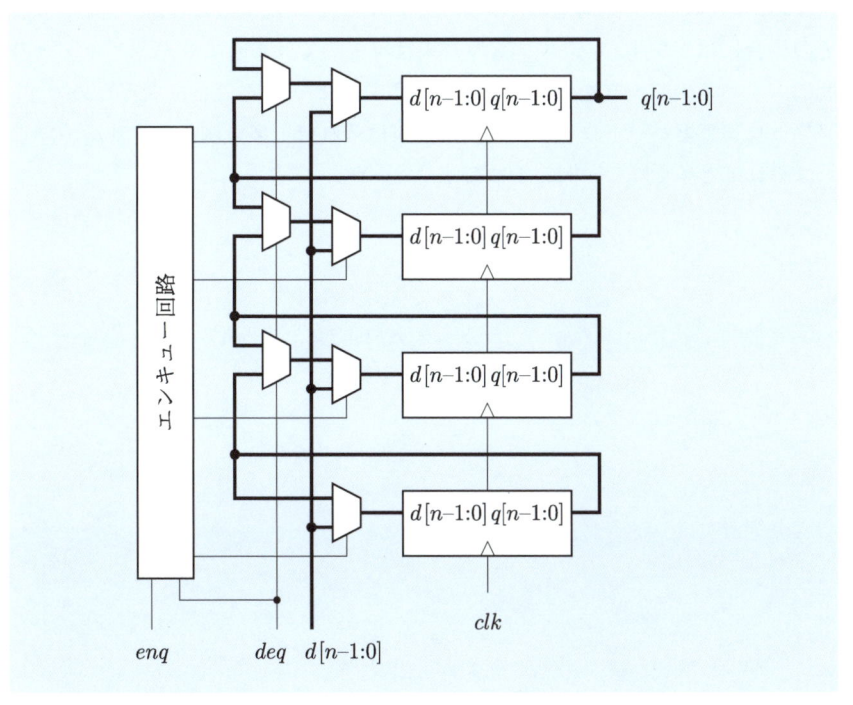

図 9.11　シフト・レジスタによる FIFO メモリの構成

▌両方式の比較 ▌

レジスタ・ファイルを用いる場合，読み出しを行うには，先頭を指すアップ・カウンタがカウント・アップを行い，リード・ポートが新しい先頭のレジスタを選択するため，遅延が大きくなります．

一方，シフト・レジスタを用いる方式では，先頭のデータは常に同じレジスタにあるため，読み出しの遅延は最小になります．

キューにはランダム・アクセスは必要ではありません．レジスタ・ファイルを用いる方式では，ランダム・アクセス可能なレジスタ・ファイルを用いながら，あえてランダム・アクセスしないことによってキューの動作を実現しています．一方，シフト・レジスタを用いる方式では，実際にキューの途中のデータを読み出す能力を捨てることによって簡単化，高速化を実現しているわけです．

なお，同様のデータ構造は，ソフトウェアでも実現することができますが，その場合にはシフト・レジスタ風の方式は現実的ではありません．デキューの度に，すべてのデータを1つ前のエントリにコピーすることになるためです．ソフトウェアとハードウェアの違いは，実はそれほど多くはありませんが，これはそれほど多くはない例の1つです．

9.6 一致比較器付きレジスタ

図 9.12 に，ダイナミック・ロジックを用いた n-bit **一致比較器 (equal-to comparator)** 付きレジスタを示します．

レジスタに記憶された n-bit の値 $q[n-1:0]$ と，入力された n-bit の値 $d[n-1:0]$ が等しいかどうかを検出します．プリチャージされる配線を，特に，**マッチ・ライン (match-line)** といいます．マッチ・ラインは，H にプリチャージされ，入力された $d[i]$ が記憶された $q[i]$ と異なると，左右どちらかの n-MOS のスタックによって，ディスチャージが行われます．一致していると，どのビットでもディスチャージが行われないため，マッチ・ラインは H に保たれます．

このような構成は，n が大きいときに特に有利です．このようなレジスタを図の縦の方向に並べたものは，**CAM** (Content-Addressable Memory) と呼ばれ，記憶された多くのワードから入力に一致するものを高速に検索することができます．

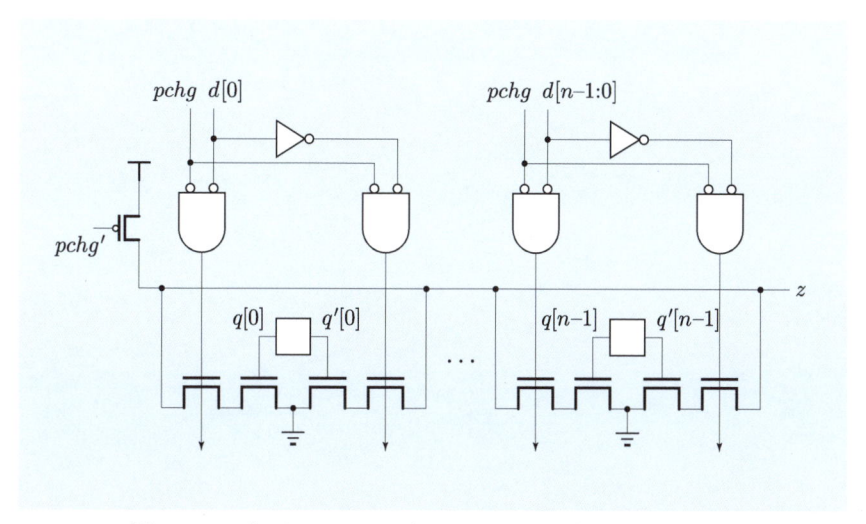

図 9.12　ダイナミック・ロジックを用いた比較器付きレジスタ

9 章の問題

☐ **1** 図 9.5 のバイナリ・アップ/ダウン・カウンタを簡単化せよ.

☐ **2** 図 9.9 のエントリ数を数えるアップ/ダウン・カウンタを設計せよ. 簡単のため, $rclk$ と $wclk$ は同一のクロックであると考えてよい.

☐ **3** バケツを手渡しするバケツ・リレーの転送能力を求めよ. 転送能力を高めるためには, どのようにすればよいか答えよ. また, その場合, 転送能力はどれほど向上するか求めよ.

☐ **4** 図 9.11 のエンキュー回路を設計せよ.

10 演算回路

本章では,二進数とそれに対する算術演算について述べます.

まず 10.1 節では,符号を用いずに負の数を表す方法である補数表現について述べ,次いで 10.2, 10.3 節では,補数表現に対する算術演算について説明します.

10.4, 10.6 節では,加算,シフトなどを行う演算器,アダー,ALU,シフタを紹介します.

> **10 章で学ぶ概念・キーワード**
> - 補数
> - アダー
> - シフタ

10.1 補数

正の数（positive number）と負の数（negative number）を表すには、通常、"−1"のように、+，−の**符号**（sign）と絶対値を組み合わせて表現します。一方この分野では、ほとんどの場合、**二の補数**（two's complement）表現を用います。

符号、絶対値表現では、たとえば $1+(-1)$ のときには絶対値の減算、$(-1)+(-1)$ のときには絶対値の加算をと、符号と加減算の組み合わせによって、加算を行うか減算を行うかを判断しなければなりません。次節以降で詳しく述べるように、補数表現を用いれば、このような判断を行う必要がなくなります。また、1種類のアダーのみで加算も減算もできるようになります。

■ 補数表現 ■

n 桁の k 進数は、0 から $k^n - 1$ までの k^n 個の数値を表すことができます。補数表現では、おおよそ、そのうち「下半分」0 から $k^n/2 - 1$ までを正の数、「上半分」$k^n/2$ から $k^n - 1$ までを負の数に充てます。

n 桁の k 進数は、**符号なし**（unsigned）とみなすと、0 から $k^n - 1$ までの正の値を表し、**符号付き**（signed）とみなすと、おおよそ $-k^n/2$ から $+k^n/2$ までの値を表します。

一般に、k 進数には、k の補数と $k-1$ の補数があります。十進数だと、**十の補数**（ten's complement）と**九の補数**（nine's complement）があるわけです。

ある数 x とその補数 x' を、それぞれ符号なし整数とみなして足すと、k^n になるのが k の補数、$k^n - 1$ になるのが $k-1$ の補数です。ちなみにこの定義は、2.2節で紹介した補元の定義と似ています。実際、英語では両方とも complement といいます。

十進数の場合だと、x とその補数 x' を符号なし整数とみなして足すと、$\underbrace{100\cdots0}_{n桁}$ になるのが十の補数、$\underbrace{99\cdots9}_{n桁}$ になるのが九の補数です。表 10.1 (a)に、十進2桁の九の補数と十の補数を示します。

■ 二進数の補数表現 ■

二進数だと、二の補数と**一の補数**（one's complement）があることになります。

10.1 補数

表 10.1 補数

(a) 2 桁の十進数

符号なし	00	01	02	⋯	49	50	51	⋯	98	99
九の補数	+0	+1	+2	⋯	+49	−49	−48	⋯	−1	(−0)
十の補数	0	+1	+2	⋯	+49	−50	−49	⋯	−2	−1

(b) 3 桁の二進数

符号なし	000	001	010	011	100	101	110	111
一の補数	+0	+1	+2	+3	−3	−2	−1	(−0)
二の補数	0	+1	+2	+3	−4	−3	−2	−1

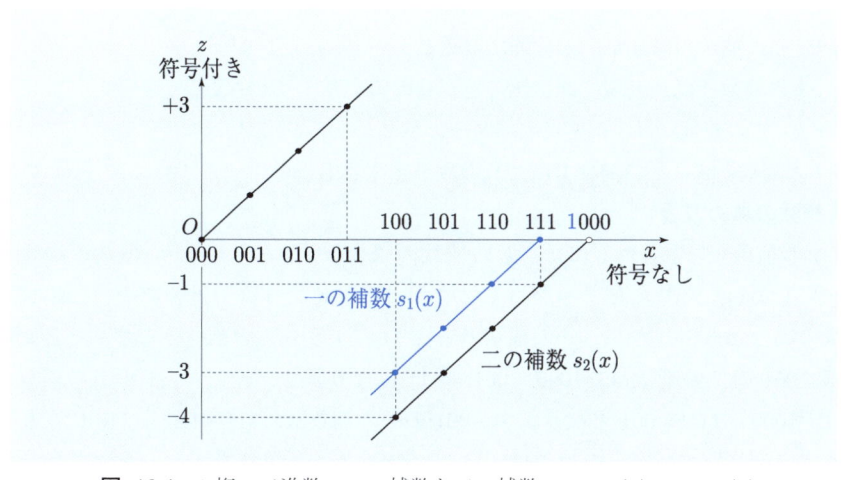

図 10.1 3 桁の二進数の一の補数と二の補数 $z = s_2(x)$, $z = s_1(x)$
（図の説明は次ページ）

x と x' を符号なし整数とみなして足すと，$1\underbrace{00\cdots 0}_{n桁}$ になるのが二の補数，$\underbrace{11\cdots 1}_{n桁}$ になるのが一の補数です．表 10.1 (b) に，二進 3 桁の一の補数と二の補数を示します．二の補数では，+1 を表す 001 と −1 を表す 111 を符号なし整数とみなして足すと，$001 + 111 = 1000$ となります．一の補数では，−1 を表すのは 110 ですから，符号なし整数とみなして足すと，$001 + 110 = 111$ となります．

表 10.1 (b) をみると，一の補数も二の補数も，最上位桁が 0 か 1 かによって，

表す値が正か負かが分かれていることが分かります．そのため，二進数（補数表現）の最上位桁を**符号ビット (sign bit)** といいます．符号ビットが 0 ならば正，1 ならば負です．

表 10.1 (b) をグラフにしたものを図 10.1 に示します．同図では，横軸に符号なしの値 x を，縦軸に一の補数とみなしたときの値 $z = s_1(x)$ と二の補数とみなしたときの値 $z = s_2(x)$ をプロットしています．真ん中に正負の分かれ目の不連続な点がありますが，正負の領域ではそれぞれ傾き 1 の直線になります．また，一の補数と二の補数では，負の部分の切片 (offset) が 1 異なります．

図 10.1，表 10.1 をみると，そのほかに以下のようなことに気がつくと思います：

- $k-1$ の補数のほうが，対称的にみえる．
  - k の補数では，表現できる正の値が負の値より 1 つ少ない．
  - $k-1$ の補数には，0 を表すパターンが 2 つある．
- k の補数と $k-1$ の補数では，負の数が 1 ずれる．

■ 補数の求め方 ■

x の補数 x' を求めるには，k の補数の場合 k^n から，$k-1$ の補数の場合 $k^n - 1$ から，符号なしとみなして x を引けば OK です．二進数だと，二の補数の場合 $100\cdots0$ から，一の補数の場合 $11\cdots1$ から，x を引きます．たとえば，001 の二の補数は，$1000 - 001 = 111$ になります．逆に，111 の二の補数は，$1000 - 111 = 001$ となります．001 の一の補数は，$111 - 001 = 110$ になります．逆に，111 の一の補数は，$111 - 111 = 001$ となります．いずれの場合も，元の数が正か負かを気にする必要はありません．

特に，二進数の場合には，以下のような簡単な求め方があります：

- **一の補数** 各桁を反転する．
- **二の補数** 各桁を反転し（一の補数を求め）た後，1 足す．

一の補数が各桁を反転すれば求められるのは，以下の理由によります：

(1) $11\cdots1$ から引くので，**ボロー** (**borrow**，桁下がり，桁借り）が生じない．
(2) したがって，各桁ごとに 1 から引けばよい．0 なら $1-0 = 1$，1 なら $1-1 = 0$ と反転する．

一般には，この簡易的な求め方のほうが広く紹介されているようです．

10.2 補数の加算

二進数の補数表現には，一の補数と二の補数があります．前節でみたように，一の補数のほうが変換は簡単です．しかし加減算は，二の補数のほうが簡単になります．そのため実際には，ほとんどの場合，二の補数が使われています．

以下では，まず二の補数の加算について述べ，その後で一の補数の加算について述べることにします．

■ 符号なし二進数の加算 ■

図 10.2 (a) に，3 桁の符号なし二進数 x, y とその（算術）和 z の関係を示します．結果は，当然のことながら平面 $z = x + y (000 \leq x, y \leq 111)$ となります．

演算した結果が表現できる範囲内にないことを**オーバフロー（overflow**，桁あふれ）といいます．オーバフローは，エラーの一種ですので，検出して適切に処理する必要があります．間違っても，そのまま処理を続けたりしてはいけません．

和 z も，x, y と同じく 3 桁だとすると，z が表せる範囲も $000 \leq z \leq 111$ です．したがって，グラフの「上半分」は，オーバフローになります．加算するときに，最上位桁からの**キャリー（carry**，桁上げ）があれば，オーバフローと判定できます．

■ $z = s_2(x) + s_2(y)$ ■

図 10.2 (a) と同様のグラフを $z = s_2(x) + s_2(y)$ についてプロットしたものを図 10.2 (b) に示します．すなわち，x と y は，図 10.2 (a) と同様に符号なしの値とし，z には符号付きの値をプロットするわけです．

平面 $y = 0$ には，図 10.1 のグラフ $z = s_2(x)$ が表れます．前節でも述べたように，$z = s_2(x)$ は，正負の部分ともに傾き 1 の直線ですが，真ん中に正負の分かれ目の不連続な点があり，正負の直線間では切片が異なります．平面 $x = 0$ には，$z = s_2(y)$ が表れますが，それについても同様です．

そのため，$z = s_2(x) + s_2(y)$ は，$s_2(x)$, $s_2(y)$ の正負によって，4 つの場合に場合分けします．その結果，$z = s_2(x) + s_2(y)$ は，図 10.2 (b) に示すように，4 つの平面に分かれます．原点に近い 1 つは，$s_2(x)$, $s_2(y)$ ともに正の場合，中央の 2 つは，一方が正，もう一方が負の場合，最も遠い 1 つは，$s_2(x)$, $s_2(y)$ ともに負の場合です．$z = s_2(x)$, $z = s_2(y)$ とも，直線部分の傾きはどこでも 1 で，

(a) $z=x+y$

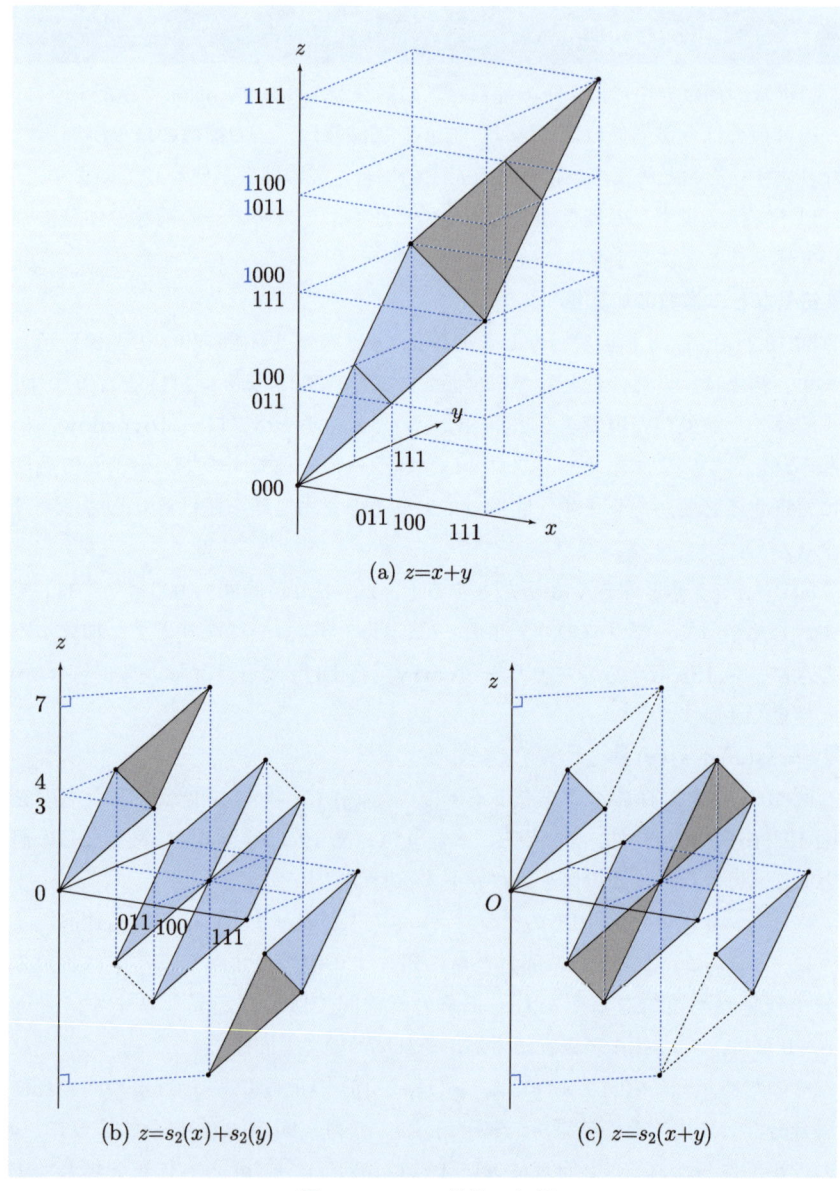

(b) $z=s_2(x)+s_2(y)$

(c) $z=s_2(x+y)$

図 10.2 二の補数の加算

切片のみが違いました．したがって 4 つの平面は，$z = x + y + o$ で，o のみが $o = 0$，-1000，-10000 と互いに異なることとなります．

図 10.2 (b) の平面の黒い部分は，3 桁の二の補数では表すことができませんので，オーバフローになります．なお，通常**アンダフロー (underflow)** は，**浮動小数点数 (floating-point number) の絶対値が**表現できる最小値より小さくなることをいい，整数値が表現できる最小値（負）より小さくなることはやはりオーバフローということが多いようです．

この方法は，正確ですが，x, y の正負を判定してから加算するのは面倒です．

■ $z = s_2(x + y)$ ■

そこで，$z = s_2(x + y)$ を求めてみましょう．すなわち，x, y の符号を気にするのはやめて，x, y を符号なしとみなして加算してしまい，その結果を二の補数とみなすのです．

x, y を符号なしとみなして加算した結果 $x + y$ は，図 10.2 (a) と同じになります．

これを二の補数とみなすとどうなるでしょう？ 図 10.2 (a) の平面は，z の値によって，000 〜 011，1**00** 〜 1**11**，10**00** 〜 10**11**，11**00** 〜 11**11** の 4 つの部分に分かれます．太字で示した 2^2 の位が符号ビットです．符号ビットからの桁上げは無視することにします．すると，図 10.2 (c) のようになります．

さて，図 10.2 (b) と図 10.2 (c) を見比べてみてください．すると，オーバフローの部分のみが違うことが分かると思います．ということは，オーバフローが生じなければ，$s_2(x) + s_2(y)$，$s_2(x + y)$，どちらの計算方法を用いても結果は同じということです．オーバフローしたときにはどうせ正しい値は得られませんから，実質どちらの計算方法を用いても結果は同じになります．結局，二の補数を用いる場合には，加算に際して符号付きか符号なしかを気にする必要はなく，いつでも全く同じ回路を用いて加算を行うことができるのです．次節では，その回路について詳しく述べます．

ただし，オーバフローの検出方法は，符号付きと符号なしで異なります．符号なしの場合，最上位桁（符号ビット）からのキャリーが生じたらオーバフローでした．符号付きの場合オーバフローとなるのは，図 10.2 (b) から，正と正を足して結果が負になった場合と，負と負を足して結果が正になった場合だと分かります．

■一の補数の加算■

前節でみたように,一の補数と二の補数では,負の数の表現が1ずれています.一の補数の加算の場合,この1のずれが問題になります.

具体的にみるために,一の補数で $-1+2$ を計算してみましょう.復習しておくと,-1 の一の補数表現は,001 を反転して,110 となります.とりあえず,110 と 010 を符号なしとみなして足してみましょう.結果は,$010+110=1000$ になります.$-1+1$ なら,定義により 111 になります.$-1+2=(-1+1)+1$ なので,111 より 1 多い 1000 になるわけです.1 は 001 ですから,1000 を 001 に直さなければなりません.

結論だけをいうと,これは,符号ビットからの桁上げをもう1回最下位に足すことで実現できます.これを**エンド・アラウンド・キャリー**(end-around carry,循環キャリー)といいます.

これでは,1回の加算のために,2回加算しているようなものです.実際,計算にかかる時間は二の補数の2倍近くかかります.

現実の処理では,変換よりも加算のほうが圧倒的に多いのが普通なので,変換よりも加算の簡単さのほうが重要です.そのため,一の補数が使われることは極めて稀です.現在では,プログラミング言語や**ハードウェア記述言語**(**HDL**)のレベルで二の補数を仮定しているものも多く,一の補数を用いることがそもそも困難になっています.

10.3 補数のシフト

9.4 節で触れましたが，ビット列などを左右にずらす操作を**シフト (shift)** といいます．

シフト操作においてシフトする桁数を**シフト量 (shift amount)** といいます．9.4 節で述べたシフト・レジスタのシフト量は 1 bit でした．

十進数をシフトしてみましょう．たとえば，$(123)_{10}$ を左に 1 桁シフトすると $(1230)_{10}$ と 10 倍になります．一般に k 進数を左/右に n 桁シフトすると，k^n 倍/k^{-n} 倍になるわけです．二進数の場合には，2^n 倍，2^{-n} 倍になります．

シフト操作を用いると，「小さい」乗数による乗算を簡単に行うことができます．たとえば，$3x = 2x + x$, $5x = 4x + x$, $6x = 4x + 2x$, $7x = 8x - x$ といった具合に，シフトと加減算を組み合わせて計算することができます．

ただし補数表現の場合にはちょっと厄介です．負の数の場合にも，n bit 左/右シフトすることで 2^n 倍/2^{-n} 倍になって欲しいところです．例によって，3 桁の二の補数表現を考えましょう．たとえば，$110 = (-2)_{10}$ を 1 bit 左シフトすると $100 = (-4)_{10}$ になって期待通りです．ところが，1 bit 右シフトすると，$011 = (+3)_{10}$ になってしまいます．できれば，$111 = (-1)_{10}$ になって欲しいところです．

補数表現のシフトについて考えるために，まず符号拡張ということについて説明しましょう．

■ 符号拡張 ■

バンドルの幅を変えたいことがよくあります．たとえば，3 桁の $(2)_{10} = 010$ を 4 桁にするには $(2)_{10} = 0010$ と，上位に 0 を補ってやればよいことは明らかです．では，補数表現の場合にはどうでしょう？ 同様に上位に 0 を補って 4 桁にすると，たとえば，3 桁の $(-2)_{10} = 110$ は $0110 = (+3)_{10}$ になってしまいます．

図 10.3 に，二の補数の 3 桁から 4 桁への符号拡張の様子を示します．

やや不正確な表現ですが，正の数の場合には，最上位の 1 以下が数値を表していて，上位の 0 は正の「詰め物 (padding)」だと考えることができます．たとえば，0010 の場合には，数値を表しているのは下位の 10 であって，上位の 00 は正の「詰め物」です．負の数の場合には，最上位の 0 とそのすぐ上位の 1

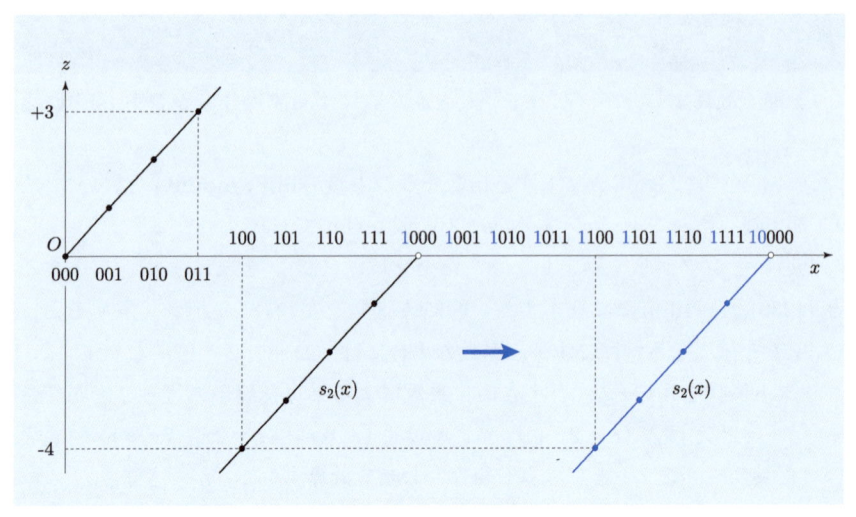

図 10.3　符号拡張

以下が数値を表していて，それより上位の 1 は負の「詰め物」だと考えることができます．たとえば，1110 はの場合には，数値を表しているのは下位の 10 であって，上位の 11 は負の「詰め物」です．

結局，補数表現の桁数を増やすには，符号ビットと同じ値を「詰め物」として上位に補ってやればよいのです．このことを，**符号拡張 (sign extension)** といいます．

逆に，桁数を減らす場合を考えましょう．もちろん，桁数を減らすことによって元の値を表せなくなってしまう場合もあります．そうでなければ，上位の「詰め物」を削ってしまえば OK です．

■ 補数表現のシフト ■

補数表現をシフトする場合には，符号拡張の考え方を用います．

n bit 左シフトするときには，桁数を n bit 増やしつつシフトした後，上位 n bit を削ると考えます．削るときには，符号ビットに関係なく削ってしまえば OK です．n bit 右シフトするときには，桁数を n bit 減らしつつシフトした後，上位 n bit を補うと考えます．補うときには，符号ビットを補います．

■シフトの種類■

シフト操作は，一般に，**算術シフト (arithmetic shift)** と，**論理シフト (logical shift)** に分けられます．算術シフトは，今まで述べてきたように，符号付き整数に対して行うものです．一方，論理シフトは符号なし整数，あるいは，単なるビット・パターンに対して行うものです．

右シフトの場合，算術/論理シフトで，上位に補うビットが異なります．算術シフトでは，上述したように，符号ビットを補います．論理シフトでは，0 を補います．

左シフトの場合，算術/論理シフトで操作自体に変わりはありません．下位には，0 を補います．ただし，オーバフローの判定が異なります．算術左シフトでは，正の数の場合，シフト・アウトされて上位の 0 がなくなるとオーバフローになります．負の数の場合，上位の 1 がなくなるとオーバフローになります．

これらとは別に，**ローテート（シフト）(rotate shift，循環シフト)** という操作もあります．これは，シフト・アウトされたビット列をそのまま反対側からシフト・インする，すなわち，ビット列の上位と下位がつながっているものとして，内容をぐるっと回す操作です．

☕ 二進数とプログラミング

高級言語を用いてプログラミングを行うときには，基本的には，ディジタル回路が分かっていなければダメということはありません．しかし，本章の内容が分かっていないと困ることがままあります．

C や C++ といったプログラミング言語には，unsigned の整数があります．この unsigned 整数，年齢や人数など，その変数が負の値をとらないからという理由で用いると，非常にとりづらいバグの原因になることがあります．たとえば，unsigned 整数を 1 ずつ減らしていくとどうなるでしょう？ 2, 1, 0 の次は，−1 ではなく，非常に大きな正の数になります．本章の内容を知らないと，プログラムがなぜ思い通りに動かないのかなかなか想像がつかないでしょう．

このようなことから，たとえ負の値をとらないとしても，数を表すのに unsigned 整数を用いるのはよくないことだとされています．比較的最近開発された Java では，そもそも unsigned 整数型が省かれています．それでも，シフト演算には signed と unsigned の二種類が用意されていて，本章の内容をまったく知らなくても済むというわけにはいきません．

10.4 アダー

■ ハーフ・アダー，フル・アダー ■

アダー（adder，加算器）については，すでに，1.2 節 (p. 10) で触れました．ただし，そこで触れたのは，**ハーフ・アダー**[1]（half adder，半加算器）といって，本当に 1 桁の加算しかできないものです．図 1.5 (b) (p. 10) は，ハーフ・アダーの回路だったというわけです．

2 桁目を計算するためには，1 桁目からの**キャリー**を考慮する必要があります．図 10.4 に，ある桁の加算の様子を示します．図 1.5 (a) と見比べてください．図中，a と b は被加数と加数を，c_{in} は下位からのキャリーを，c_{out} は上位へのキャリーを，それぞれ表します．その桁の和 s は，**部分和** (partial sum) といいます．

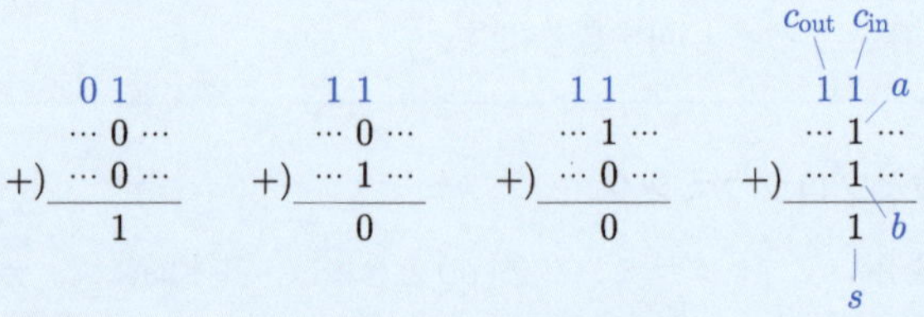

図 10.4 二進数の加算

下位からのキャリーを考慮したアダーを**フル・アダー**（full adder，全加算器）といいます．表 10.2 にその真理値表を，図 10.5 にそのカルノー図を示します．

- c_{out}　c_{out} は，3 つの入力，c_{in}，a，b 中に，1 であるものが 2 つ以上ある場合に 1 になります．つまり c_{out} は，「多数決」になっています．
- s　図 10.5 (d) から，s は，3 つの入力のうち，1 であるものが奇数個あった場合に 1 になります．すなわち s は，3 入力の XOR によって求められます（2.3 節参照）．

以上から，フル・アダーの回路は，図 10.5 のようになります．

---

[1] 教科書などでは「半加算器」，「全加算器」とするほうがより一般的ですが，本書では一貫性のため「ハーフ・アダー」，「フル・アダー」としました．

10.4 アダー

表 10.2 フル・アダーの真理値表

c_{in}	a	b	c_{out}	s
0	0	0	0	0
0	0	1	0	1
0	1	0	0	1
0	1	1	1	0
1	0	0	0	1
1	0	1	1	0
1	1	0	1	0
1	1	1	1	1

(a) c_{out} のカルノー図

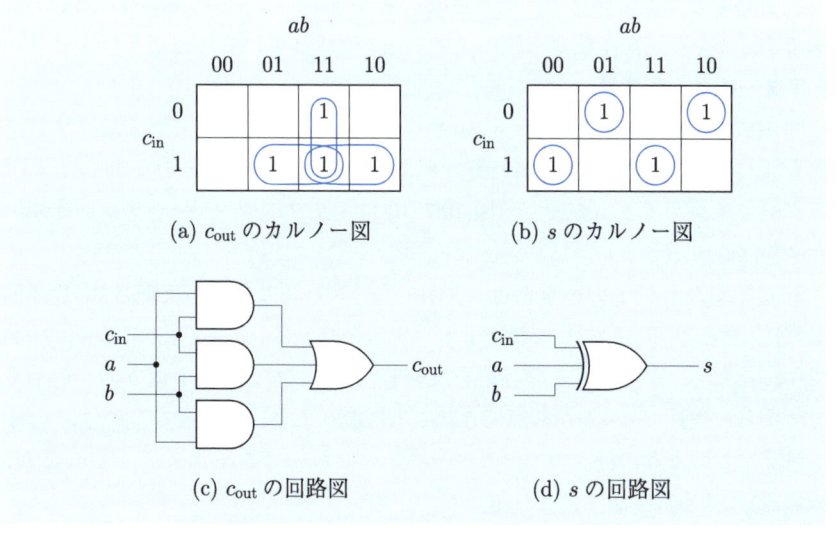

(b) s のカルノー図

(c) c_{out} の回路図

(d) s の回路図

図 10.5 フル・アダーのカルノー図と回路図

ちなみに,なぜ「ハーフ・アダー」,「フル・アダー」というかというと,図 10.6 のように,ハーフ・アダー 2 個でフル・アダーを構成することができるからです.

■ リプル・キャリー・アダー ■

n bit のアダーは,図 10.7 (a) に示すように,フル・アダーを「数珠つなぎ」にすることによって得られます.これを,**リプル・キャリー・アダー**(**ripple-carry adder**,**桁上げ伝搬加算器**)といいます.このアダーでは,人が筆算を行うときと同様に,下位から順に 1 桁ずつ加算していくことになります.ちな

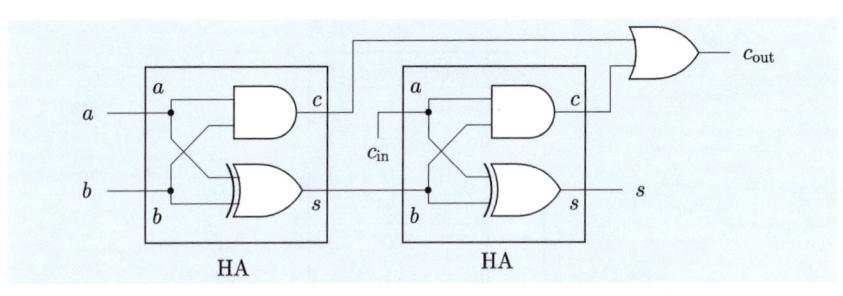

図 10.6　ハーフ・アダーによるフル・アダーの構成

みに ripple とは，擬態語で，「(さざ波に乗って) さらさらと流れる」という意味です．キャリーが下位から順に「さらさらと流れていく」というわけです．

■アダーによる減算■

図 10.7 (a) では，最下位桁へのキャリー $c[-1]$ は 0 に固定されています．これを 1 にすると，$a + b + 1$ が計算できます．さらにこのことをうまく使うと，アダーで減算ができるのです．図 10.7 (b) に，リプル・キャリー・アダーを用いた減算回路を示します．

add'/sub 入力が 1 のときには，XOR ゲートで b の各桁が反転され (7.3 節参照)，さらに $c[-1]$ が 1 になります．すると結果は，$a + b' + 1 = a + (b' + 1)$ です．ただし，b' とは，b の各桁を反転したものです．$b' + 1$ は b の二の補数ですから，これで $a - b$ が計算できたことになります．

減算はこのように行うので，アダーはあっても，「サブトラクタ (subtractor, 減算器)」は通常みかけません．

■キャリー・ルックアヘッド・アダー■

リプル・キャリー・アダーの遅延は，キャリーが最下位桁から最上位桁まで伝わっていく時間で決まります．加算には，桁数 n に比例した時間がかかるわけです．このことを，リプル・キャリー・アダーの遅延は $O(n)$ であるといいます．

キャリー・ルックアヘッド・アダー (carry-look-ahead adder，桁上げ先見加算器) を用いれば，遅延を $O(\log n)$ に改善することができます．

図 10.7 (c) に，キャリー・ルックアヘッド・アダーのブロック図を示します．キャリーはフル・アダーを伝わっていくのではなく，**キャリー・ルックアヘッド・ジェネレータ** (carry-look-ahead generator) によって生成されます．

10.4 アダー

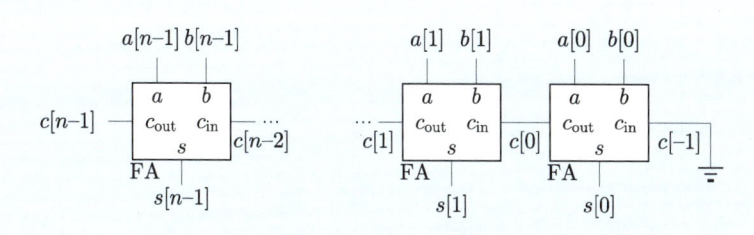

(a) リプル・キャリー・アダー

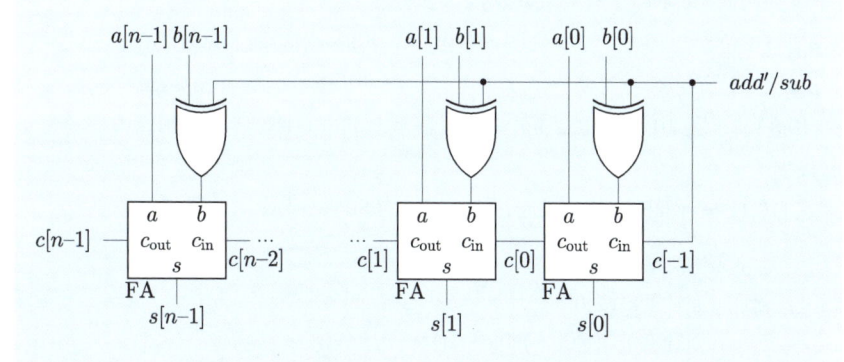

(b) リプル・キャリー・アダーによる減算

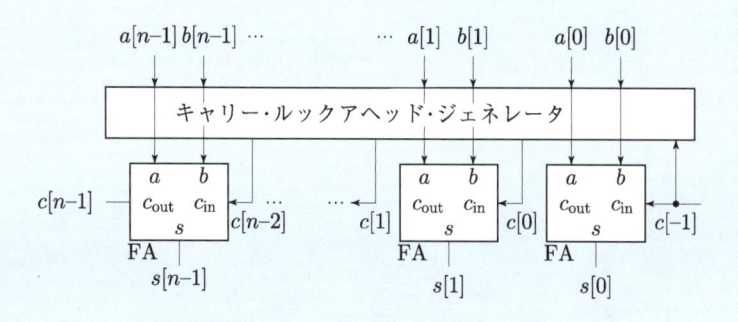

(c) キャリー・ルックアヘッド・アダー

図 10.7 アダー

もちろん，キャリー・ルックアヘッド・ジェネレータの中をキャリーが最下位桁から最上位桁まで伝わっていくのでは意味がありません．$O(\log n)$ で求めるためには，以下のようにします．

まず，$c[i]$ の式を以下のように変形します：

$$\begin{aligned} c[i] &= a[i]b[i] + b[i]c[i-1] + c[i-1]a[i] \\ &= a[i]b[i] + (a[i]+b[i])c[i-1] \\ &= g[i] + p[i]c[i-1] \end{aligned} \tag{10.1}$$

$g[i]$, $p[i]$ は，以下のような意味を持ちます：

- $\boldsymbol{g[i]}$（下位からのキャリーに関わらず）キャリーが生成 (generate)．
- $\boldsymbol{p[i]}$（下位からのキャリーが 1 のとき）キャリーが伝播 (propagate)．

図 10.8 (a)と図 10.8 (b) に，$g[i] = 1$ のときと $p[i] = 1$ のときの加算の様子を示します．

式 (10.1) を再帰的に用いると，キャリーは以下のように計算できます：

$$\begin{aligned} c[0] &= g[0] + p[0]c[-1] \\ c[1] &= g[1] + p[1]c[0] \\ &= g[1] + p[1](g[0] + p[0]c[-1]) \\ &= g[1] + p[1]g[0] + p[1]p[0]c[-1] \end{aligned}$$

同様に，

$$\begin{aligned} c[2] &= g[2] + p[2]g[1] + p[2]p[1]g[0] + p[2]p[1]p[0]c[-1] \\ c[3] &= g[3] + p[3]g[2] + p[3]p[2]g[1] + p[3]p[2]p[1]g[0] + p[3]p[2]p[1]p[0]c[-1] \end{aligned}$$

(a) $g[i] = a[i]b[i] = 1$ (b) $p[i] = a[i] + b[i] = 1$

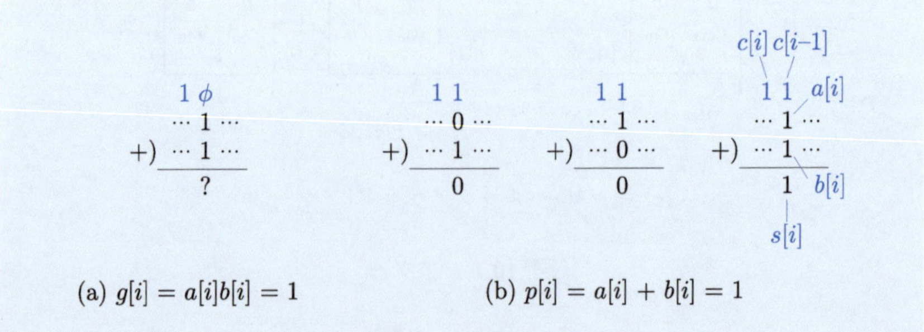

図 10.8　$g[i]$ と $p[i]$

10.4 アダー

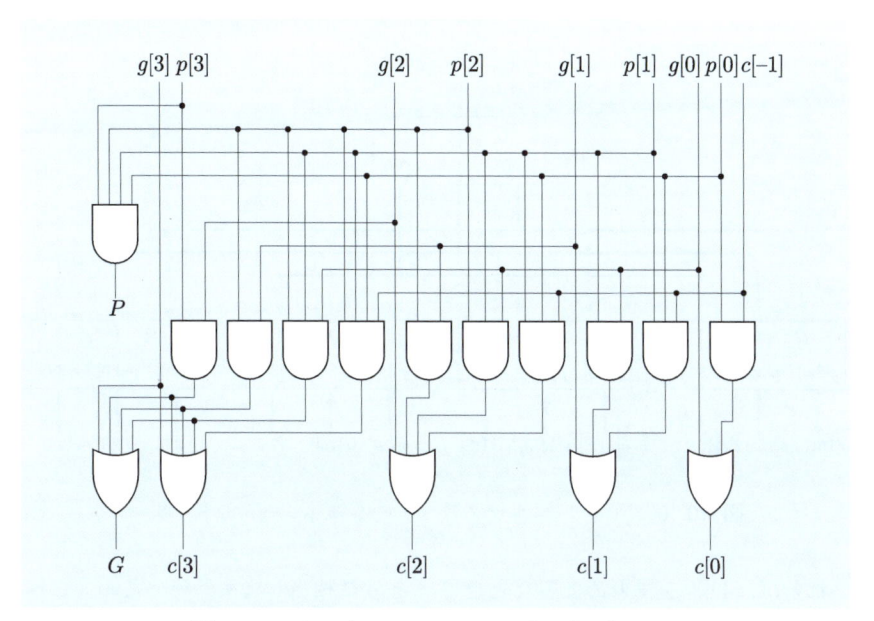

図 10.9 キャリー・ルックアヘッド・ジェネレータ

これらの式は，以下のように解釈できます．

> $c[1]$ が 1 となるのは，1 桁目でキャリーが生じた ($g[1]$) か，0 桁目で生じ ($g[0]$) て 1 桁目を伝搬した ($p[1]$) か，-1 桁目で生じ ($c[-1]$) て 0 桁目，1 桁目を伝搬した ($p[0]$, $p[1]$) かのいずれかである．

これらの式を素直に回路図にすると，図 10.9 のようになります．これで，4 bit 分のキャリーの生成がたかだか論理ゲート 3 段でできることになります．

■ キャリールックアヘッド・ジェネレータのトゥリー接続 ■

ただし，4 bit 以上の場合にも同様の操作を続けると，論理ゲートの入力の数，**ファンイン (fan-in)** が多くなりすぎて，現実的ではありません．そこで，4 bit 程度のキャリー・ルックアヘッド・ジェネレータを図 10.10 のように接続することが考えられます．

図 10.9 のキャリー・ルックアヘッド・ジェネレータには，G, P という出力があります．G, P は，以下の式で表されます：

$$G = g[3] + p[3]g[2] + p[3]p[2]g[1] + p[3]p[2]p[1]g[0]$$
$$P = p[3]p[2]p[1]p[0]$$

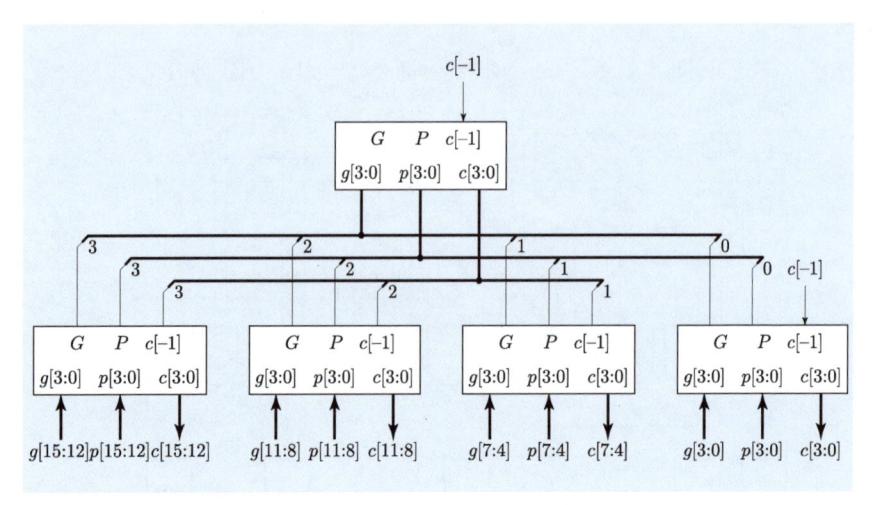

図 10.10 キャリー・ルックアヘッド・ジェネレータのトゥリー

これらは，4 bit をまとめてみたときの g と p に相当します．そのため，これらを上位のキャリー・ルックアヘッド・ジェネレータの g, p 入力に接続すれば，4 bit 単位のキャリーが計算できるのです．このように，**トゥリー**（**tree**，木）状に接続するので，回路の遅延は $O(\log n)$ になります．

このキャリーの例に限らず，一見**逐次的** (**sequentially**) にしか計算できないようにみえるものでも，トゥリー状に計算することによって，計算時間を $O(\log n)$ に改善できることがままあります．

このような，回路における計算手順を**ハードウェア・アルゴリズム** (**hardware algorithm**) といいます．

10.5 ALU

ビットごとの論理演算

プロセッサ (**processor**) が行う整数演算には，算術演算のほかに，**ビットごとの論理演算** (**bit-wise logical operation**) があります．ビットごとの論理演算とは，n bit のバンドルの各ビットごとに AND, OR, NOT, XOR などの論理演算を行うことです．

ビットごとの AND の用途には，**マスク** (**mask**) があります．たとえば，ビット列 $a = 1011$ とマスク $b = 1000$ とのビットごとの AND をとると，その結果は $ab = 1000$ となります．これを 0000 と比較すると，a の符号ビットが 1 であることが分かります．また，$ab' = 0011$ を計算すると，a の絶対値が求められます．

ALU

そこで，加減算とビットごとの論理演算を行う **ALU** (Arithmetic Logic Unit) がよく用いられます．

表 10.3 に，4-bit ALU 74181 の機能表を示します．74181 は，論理演算，算術演算のモードを切り替える入力 m と，演算の種類を決める入力 $s[3:0]$ によって，同表の演算を行います．なお，表中，"+"，"'" はビットごとの論理和，論理否定を，"⊞"，"⊟" は（算術）加減算を表します．

実際には，表 10.3 にあるすべての種類の演算が使われるわけではありません．加減算，および，ビットごとの AND, OR, NOT, XOR などの有用な演算ができるように回路を設計した結果，そのほかの入力のとき偶然そうなっただけです．

図 10.11 に，74181 の 1 bit 分の回路

表 10.3 4-bit ALU 74181 の機能表

$s[3:0]$	$m=1$	$m=0$
0000	a'	$a \boxplus c_{\text{in}}$
0001	$(a+b)'$	$(a+b) \boxplus c_{\text{in}}$
0010	$a'b$	$(a+b') \boxplus c_{\text{in}}$
0011	0	$\boxminus 1 \boxplus c_{\text{in}}$
0100	$(ab)'$	$a \boxplus ab' \boxplus c_{\text{in}}$
0101	b'	$(a+b) \boxplus ab' \boxplus c_{\text{in}}$
0110	$a \oplus b$	$a \boxminus b \boxplus c'_{\text{in}}$
0111	ab'	$ab' \boxminus 1 \boxplus c_{\text{in}}$
1000	$a'+b$	$a \boxplus ab \boxplus c_{\text{in}}$
1001	$(a \oplus b)'$	$a \boxplus b \boxplus c_{\text{in}}$
1010	b	$(a+b') \boxplus ab \boxplus c_{\text{in}}$
1011	ab	$ab \boxminus 1 \boxplus c_{\text{in}}$
1100	1	$a \boxplus a \boxplus c_{\text{in}}$
1101	$a+b'$	$(a+b) \boxplus a \boxplus c_{\text{in}}$
1110	$a+b$	$(a+b') \boxplus a \boxplus c_{\text{in}}$
1111	a	$a \boxminus 1 \boxplus c_{\text{in}}$

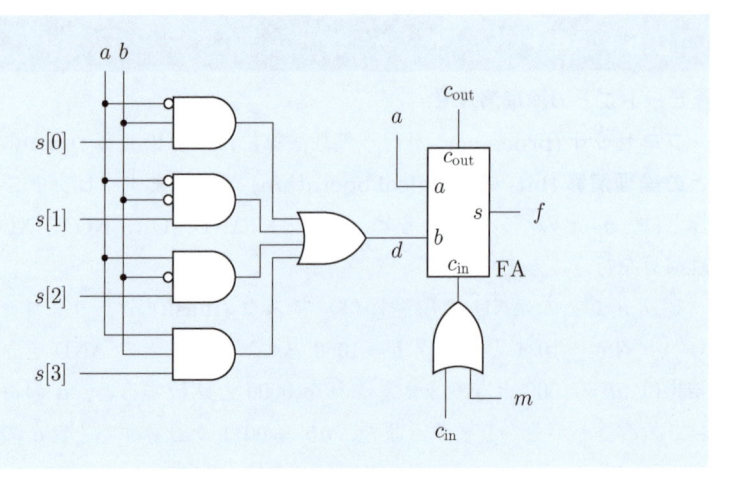

図 10.11 1-bit ALU の回路図

図を示します．回路は，前半の d を求める部分と後半のアダーからなります．

■前半■

前半の回路は，

$$d[i] = s[3]ab + s[2]ab' + s[1]a'b' + s[0]a'b$$
$$= s[3]m_3 + s[2]m_2 + s[1]m_0 + s[0]m_1$$

となっています．ただし，$m_3 \sim m_0$ は，a, b を入力とする論理関数の最小項です．したがって，$s[3:0]$ を適当に設定してやることによって，a, b を入力とする任意の論理関数を構成することができます．このことについては後でより詳しく説明します．なお，$s[0]$, $s[1]$ と m_0, m_1 の対応がとれていませんが，74181 が実際にそうなっているのであきらめましょう．

■後半■

後半は，フル・アダーで，キャリー入力を $m + c_{\text{in}}$ として，a と d の加算を行います．つまり，

$$f = a \oplus d \oplus (m + c_{\text{in}})$$
$$c = ad + a(m + c_{\text{in}}) + d(m + c_{\text{in}})$$

です．

■論理演算モード■

$m=1$ として論理演算を行うときには,キャリー入力は $m+c_\mathrm{in}=1$ ですので,

$$f = a \oplus d \oplus (m+c_\mathrm{in})$$
$$= a \oplus d \oplus 1 = (a \oplus 1) \oplus d = a' \oplus d$$

$a' = m_0 + m_1$ であるので,

$$= (m_0+m_1) \oplus (s[3]m_3 + s[2]m_2 + s[1]m_0 + s[0]m_1)$$
$$= s[3]m_3 + s[2]m_2 + s'[1]m_0 + s'[0]m_1$$

となります.やはり,$s[3:0]$ を適当に設定してやることによって,a, b を入力とする任意の論理関数を構成することができます.たとえば,

$$s[3:0] = 0000 \rightarrow F = m_0+m_1 = a'$$
$$s[3:0] = 0110 \rightarrow F = m_2+m_1 = a \oplus b$$
$$s[3:0] = 1011 \rightarrow F = m_3 = ab$$
$$s[3:0] = 1110 \rightarrow F = m_3+m_2+m_1 = a+b$$

といった具合です.

■算術演算モード■

$m=0$ として算術演算を行うときには,キャリー入力は $m+c_\mathrm{in}=c_\mathrm{in}$ ですので,フル・アダーが普通にアダーとして機能します.したがって,$s[3:0]$ を 1001,または 0110 とすれば,

$$s[3:0] = 1001 \rightarrow d = m_3+m_1 = b$$
$$s[3:0] = 0110 \rightarrow d = m_2+m_0 = b'$$

となって,加減算が行われます.

実際の 74181 は,これよりもやや複雑な構成になっています.興味のある方は参考文献 [3] などをあたってみてください.

10.6 シフタ

シフト演算を行う演算器を**シフタ** (sfhifter) といいます．9.4 節で述べたシフト・レジスタのシフト量は 1 bit でした．シフタでは，シフト量が 2 bit 以上のものが普通です．

図 10.12 に，17-to-10 の右シフタを示します．図 7.9 (p. 109) に示した 8-bit バレル・シフタと見比べてください．図 7.9 と同様に，図中 ○ は，2-to-1 セレクタで，$s[2:0]$ はシフト量を指定します．この右シフタは，バレル・シフタを「開き」にしたようなものです．バレル・シフタは循環シフトを行いますが，この右シフタは右シフトを行います．

図 10.13 に，図 10.12 の右シフタを用いて各種シフトを実現する方法を示します．$x[7:0]$ を s bit シフトし，結果を $z[7:0]$ に出力します．

図 10.13 (a)，図 10.13 (c) の論理右/左シフトの場合，右シフタの入力 $h[7:0]$ と $l[7:0]$ に，$00\cdots 0$ と $x[7:0]$/$x[7:0]$ と $00\cdots 0$ を入力します．右シフタのシフト量は，右シフトのときは s をそのまま，左シフトのときは $8-s$ を入力します．同図では，$s=3$ としていますので，右シフトでは 3 bit，左シフトでは $8-3=5$ bit，右シフトしています．こうすることによって，右シフタのみを用いて左右シフトを実現することができます．

図 10.13 (b) の算術右シフトの場合には，符号拡張のため，$h[7:0]$ に $x[7]x[7]\cdots x[7]$ を入力しています．図 10.13 (d) の循環シフトの場合には，$h[7:0]$ と $l[7:0]$ の両方に，$x[7:0]$ を入力しています．

シフト・アウトされる値は，右シフトでは sor，左シフトでは sol に現れます．

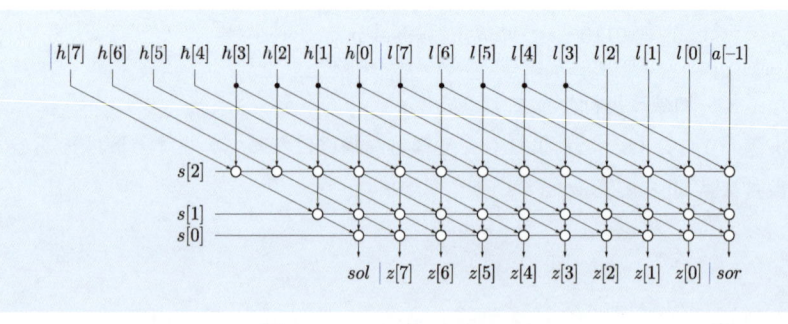

図 10.12 17-to-10 右シフタ

10.6 シフタ

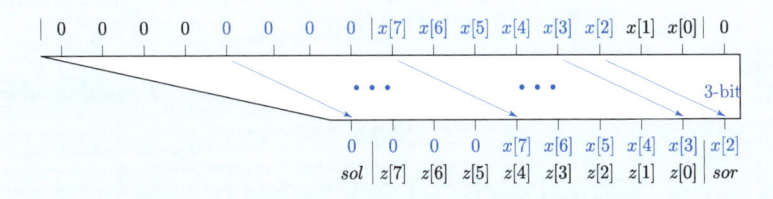

(a) 3 ビット論理右シフト
(3-bit Shift Right Logical)

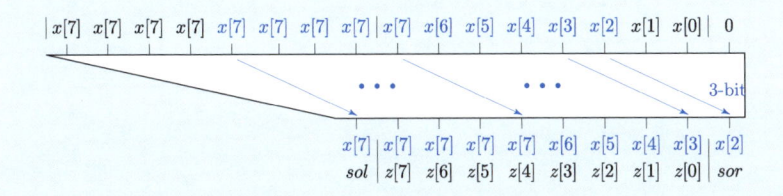

(b) 3 ビット算術右シフト
(3-bit Shift Right Arithmetic)

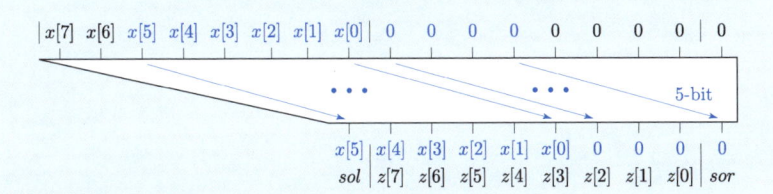

(c) 3 ビット論理左シフト
(3-bit Shift Left Logical)

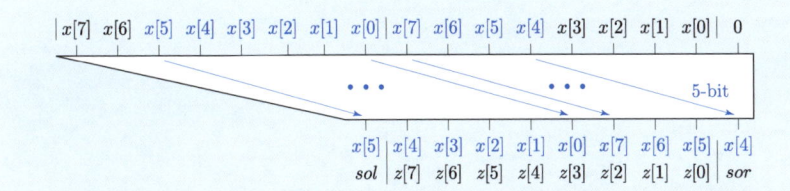

(d) 3 ビット循環左シフト
(3-bit Shift Left Rotate)

図 10.13 各種シフトの実現

10 章の問題

☐ **1** 10.5 節で述べたように，ALU 74181 の演算の種類を決める入力 $s[3:0]$ の定義は分かりにくい．分かりやすいように定義し直せ．

☐ **2** 10.6 節で述べたシフタの，キャリーを計算する部分を設計せよ．ただし，シフト量が 0 のときと，循環シフトのときは，キャリーは 0，それ以外の場合には最後にシフト・アウトされた値とする．

11 メモリ

実際的なディジタル回路は，ロジックとメモリに分けることができます．本章では，メモリについて述べます．

> **11章で学ぶ概念・キーワード**
> - RAM
> - ROM
> - SRAM
> - DRAM
> - フラッシュ・メモリ

11.1 分類

実際のディジタル回路は，ここまでに述べてきたような組み合わせ回路，順序回路と大容量の**メモリ** (memory) を組み合わせて作られます．メモリと対比するときには，前者を**ロジック** (logic) といいます．ディジタル回路は，ロジックとメモリでできているというわけです．

ロジックとは異なり，メモリには様々な方式があります．以下で述べるように，ロジックのそれと比べて，メモリに対する要求は多岐に渡ります．そのため，多くの方式が得意分野ごとにすみ分けることが可能となっているのです．

▌RAM と ROM▌

メモリは，普通，書き換え可能な **RAM** (Random Access Memory) と，書き換え不能な **ROM** (Read-Only Memory) に分けられます．しかし現在では，様々なメモリが登場しており，その境界は以前より曖昧になっています．

電源を切ると内容が消えてしまうメモリを**揮発性** (volatile)，電源を切っても内容が保持されるメモリを**不揮発性** (non-volatile) といいます．以前は，不可逆的な状態変化によって不揮発性を実現するものがほとんどでした．そのため，"不揮発性 ≃ 書き換え不能 ≃ ROM" という関係が成り立っていました．しかし最近では，高速な書き換えと不揮発性を備えた記憶素子が開発され，この関係はもはや成立しません．

また，本当に書き換えが行えないような ROM は少なくなりました．

したがって，読み出しに比べて書き込みに時間がかかるのが ROM——というのが現状を説明しやすい定義といえるかもしれません．

▌性能指標▌

メモリの性能を測る指標としては，以下のようなものあります：
(1) 揮発性
(2) 速度と書き換え可能性
(3) 容量とコスト
(4) そのほか，消費電力，書き換え回数など

以下，(2)と(3)について説明します．

- **指標 (2) 速度と書き換え可能性**

 速度は，アクセスを開始してから終了するまでの時間で測ります．

11.1 分類

上述したように,書き換え可能性は,書き込み速度によって測ることができます.

● **指標 (3) 容量とコスト**

チップの**歩留まり** (**yield rate**) をある程度高く維持するために,チップのサイズを大きくするには限界があります.したがって,1 bit を記憶する**メモリ・セル** (**memory cell**) の面積が,チップ当たりの容量に直結します.

また,コストの基本的な部分は,1 枚のシリコン・**ウェハ** (**wafer**) から何 bit 分がとれるかによって決まります.

結局,セル面積が小さいほど,容量が増加し,コストも下がるというわけです.

セル面積は,半導体製造プロセスの**最小加工寸法** (**feature size**) を F として,F^2 を単位に測ります.図 11.8 (p. 204) に示すように,縦横に配した配線の**クロス・ポイント** (**cross point**) に 1 bit を記憶することが 1 つの目標になりますので,その場合のセル面積 $4F^2$ が基準になります.

☕ 速度と容量

「速度と容量はトレードオフの関係にある」という話をすると,よく「高速で大容量なメモリを開発すればいいじゃん」というような意見を耳にします.それはまぁそうなのですが,ちょっと違います.

既存の製品 A より高速かつ大容量なメモリ B が開発されたとしましょう.すると,A は市場から姿を消してしまいます.このようにして生き残った製品群が,現在の,高速/小容量品から低速/大容量品にわたるラインナップを構成しているのです.

たとえば,フラッシュ・メモリの普及によって,フラッシュ以外の PROM はほとんどみられなくなりました.

また,現在では,DRAM 並みの高速性と不揮発性を兼ね備えた次世代のメモリ開発が盛んに行われています.もし本当にそのようなメモリが開発されたとしたら,(コストにもよりますが) DRAM は市場を失い,そして,いずれ教科書からも姿を消すことになるかもしれません.

11.2 RAM

RAM (Random Access Memory) といえば，**SRAM** (Static RAM) と **DRAM** (Dynamic RAM) が代表的です．これらは揮発性の RAM です．最近では，**FeRAM** (Ferroelectric RAM，強誘電体メモリ)，**MRAM** (Magnetic RAM，磁気メモリ) などの不揮発性の RAM が登場しています．

これらの RAM のメモリ・セルは，以下のようにして 1 bit を記憶します：

- **SRAM**　SRAM のメモリ・セルは，まさに 8.1 節で述べた FF で構成されています．
- **DRAM**　キャパシタに蓄えた電荷のある，なしで 1 bit を記憶します．
- **FeRAM**　強誘電体の自発分極の方向によって 1 bit を記憶します．
- **MRAM**　強磁性体の磁化の方向によって 1 bit を記憶します．

本節では，特に SRAM と DRAM について説明します．

■ セル・アレイ ■

RAM は，機能的には，9.2 節で述べたレジスタ・ファイルと変わりありませんが，大容量に対して最適化されています．n-bit × m-word の RAM を構成する場合，4 〜 8 word 程度までなら，9.2 節に示した構成で OK ですが，32 〜 128 word 程度なら本節で述べる SRAM として構成するほうが有利です．

bit 数に比べて word 数が非常に多い場合には，1 bit 分を $\sqrt{m} \times \sqrt{m}$ の**セル・アレイ** (cell array) とします．図 11.1 に，RAM セル・アレイのブロック図を示します．

セル・アレイでは，**アドレス** (address) を**ロウ・アドレス** (row address) と**カラム・アドレス** (column address) に分け，この 2 次元のアドレスでアレイ中の 1 つのセルを指定します．通常，アドレスの上位をロウ・アドレス，下位をカラム・アドレスとします．

アドレスが与えられると，**ロウ・デコーダ** (row decoder) がロウ・アドレスをデコードし，**ワードライン** (wordline) をアサートします．**カラム・セレクタ** (column selector) が，カラム・アドレスに基づいて**ビットライン** (bitline) を選択します．

11.2.1 SRAM

RAM の中でも SRAM は別格です．SRAM はロジックと同じトランジスタ

11.2 RAM

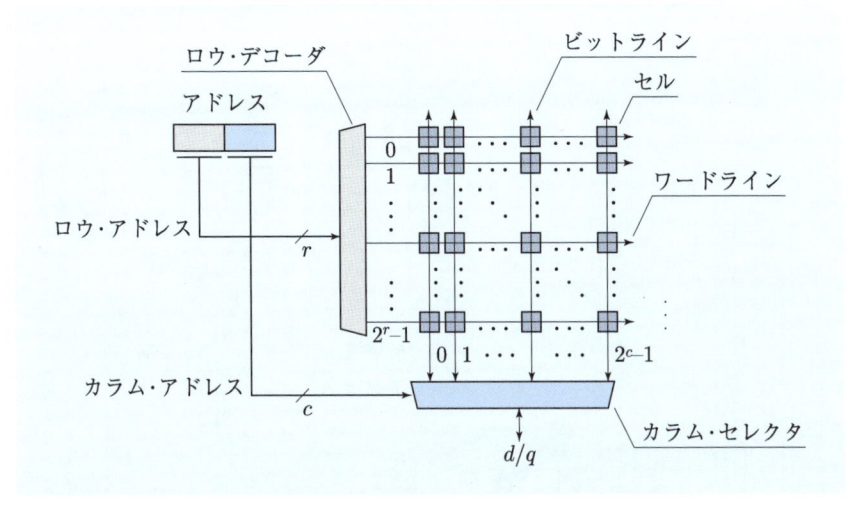

図 11.1 RAM セル・アレイ

で構成されているため，SRAM より高速なメモリは原理的にあり得ません．SRAM より高速なメモリができたとしたら，同じ技術によってロジックも高速化されるからです．

図 11.2 に，SRAM の回路図を示します．

SRAM のメモリ・セルは，8.1 節で述べた FF です．図では，p-MOS と n-MOS を分けて描いてあるため分かりにくいかもしれませんが，図 8.1 (b) (p. 120) と全く同じ，NOT ゲート 2 個からなるループになっています．各 NOT ゲートの出力は，ワードラインによって制御されるアクセス・ゲートを介して相補的なビットラインに接続されています．このように，SRAM のメモリ・セルは，計 6 個のトランジスタで構成されているので，**6T セル**(**6T-cell**) と呼ばれます．

ロウ・デコーダは，7.5 節で述べたデコーダとほとんど変わりありません．ただ，入力の bit 数が多いことと，セルとピッチを合わせるために，NAND と NOR で 2 段デコードを行っています．

■読み出し■

ビットラインは，6.4 節で述べた二線式のドミノ・ロジックとみなすことができます．読み出す前には，相補的ビットラインの両方を H にプリチャージします．ワードラインがアサートされると両方のアクセス・トランジスタが ON になります．セル内のドライバ・ゲートのいずれか一方は ON ですから，相補的

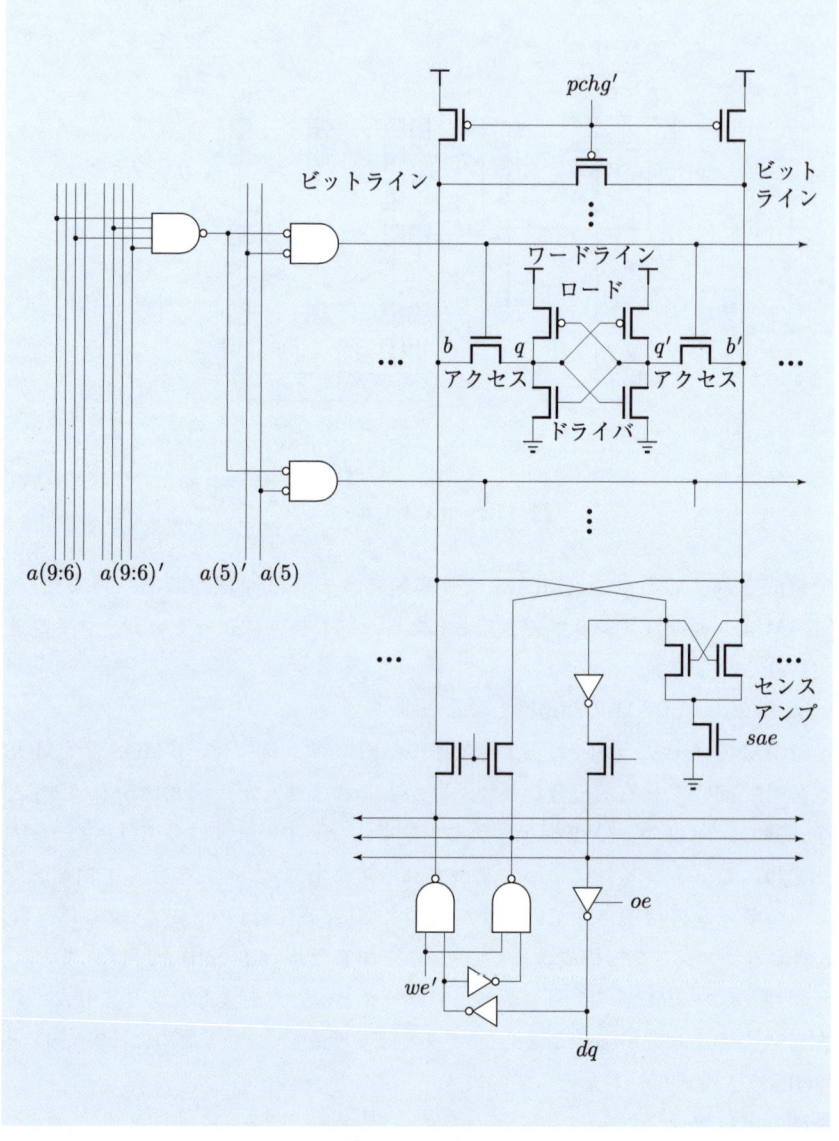

図 11.2　SRAM

ビットラインのいずれか一方がディスチャージされます.

ビットラインには非常に多くのセルが接続されていて,容量が大きいので,ビットラインの電位はゆっくりと下降します.相補的なビットラインに生じたわずかな電位差を**センス・アンプ** (sense amplifier) によって増幅して取り出します.図では,センス・アンプのうち最も構造が簡単なものを示しました.

■書き込み■

9.2 節で述べたレジスタ・ファイルとは異なり,書き込みも,読み出しに用いたのと同じビットライン,ワードラインを用いて行います.1 つのポートによって,読み出しと書き込みを行うわけで,これを **1-read/write** と表記します.

書き込みは,基本的には,読み出しとは逆に信号を伝達します.相補的ビットラインのいずれか一方を H,もう一方を L にします.保持されているのと同じ値を書き込むときには,b と q,b' と q' は同電位になりますので,何も起こりません.また,5.4 節で述べたように,n-MOS アクセス・トランジスタは H を伝えないので,H にしたビットラインのほうでも何も起こりません.結局,L にしたビットラインに接続された FF のノードが H になっている場合のみを考えれば OK です.

このとき,6.3 節で述べたバスの衝突と同じ状態になります.バス・バッファの場合には,H にドライブするため p-MOS は強力なものになっています.一方,CMOS SRAM の p-MOS ロード・トランジスタは,ごく弱いものになっています.ロード・トランジスタは,単に直流電流を消費しないために付加されているもので,負荷をドライブする役割を持たないためです.そのため,衝突した状態でもノードの電位を閾値以下まで低下させることができます.

■多ポート化■

SRAM を多ポート化するためには,デコーダ,ビットライン,ワードラインの対をポートの数だけ用意する必要があります.

11.2.2 DRAM

そのほかの RAM の場合も,SRAM と大差ありません.図 11.3 に,DRAM の回路図を示します.DRAM のセルは,電荷を蓄えるためのキャパシタとそれへのアクセス・トランジスタからなります.1T + 1C と表記します.SRAM セル

は 6T でしたから，キャパシタのサイズにもよりますが，セル・サイズは数分の一程度以下になります．実際の製品では，十分の一程度以下になっています．

　DRAM セルを読み出すときには，ワードライン・デコーダが選択されたワードラインをアサートすると，アクセス・トランジスタが ON になり，ビットラインとキャパシタが接続されます．すると，キャパシタに蓄えられた電荷の多少によって，ビットラインの電位が変化します．SRAM は，ドライバ・トランジスタとアクセス・トランジスタによって，ビットラインをドライブしますので，たとえば十分に長い時間待てばビットラインの電位を接地電位近くまで放電することができます．一方，DRAM のキャパシタは，その容量分しかビットラインの電位を変化させることができません．その上，ビットラインの容量のほうがキャパシタの容量よりはるかに大きく，ビットラインにはごくわずかな電位差しか生じません．このわずかな電位差を，やはりセンス・アンプによって増幅して読み出します．わずかな電位差を正確に，高速に読み出すために，さまざまな方式が考えられています [4]．しかしそれでも，読み出しの高速性では，SRAM などとは比べるべくもありません．

　また，DRAM のセル読み出すと，蓄えられた電荷はビットラインの電位を変化させるのに消費されてしまって，元の記憶は失われてしまいます．これを**破壊読み出し (destructive read)** といいます．そのため，読み出された行は，読み出し後に必ず書き戻してやる必要があります．破壊読み出しは，必ずしも DRAM に特有の性質というわけではなく，FeRAM など，いくつかの大容量 RAM に共通するものです．

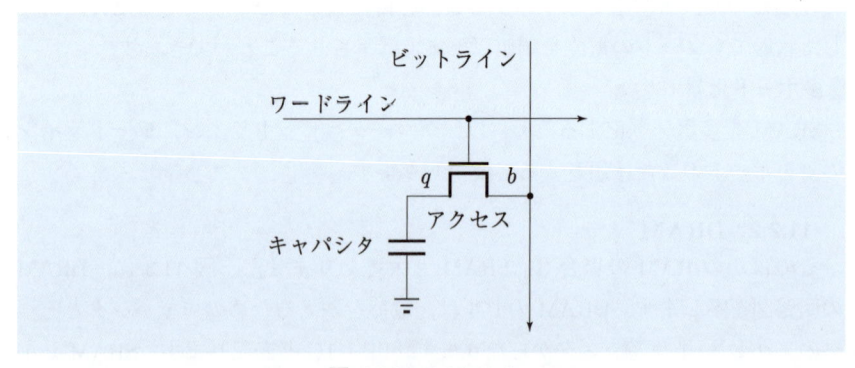

図 11.3　DRAM セル

RAS と CAS

DRAM チップでは，アドレスを一気に入力するのではなく，ロウ・アドレスとカラム・アドレスを別々に入力するインタフェースをとっています．それぞれを入力するときには，**RAS**(ラス) (Row Address Strobe)，**CAS**(キャス) (Column Address Strobe) という信号をアサートします．

ロウ・アドレスとともに RAS をアサートすると，前述したように，対応するロウ内のすべてのセルの内容がバッファに読み出されます．次いで，カラム・アドレスとともに CAS をアサートすると，バッファの内容がチップ外に読み出されます．破壊読み出しに対応するため，別のロウへのアクセスを開始する前に，バッファの内容を元のロウに書き戻します．

RAS 1 回につき CAS を複数回入力することができれば，セル・アレイへのアクセス回数を減らすことができ，全体的な速度を向上させることができます．

リフレッシュ

DRAM に特徴的な操作として，**リフレッシュ (refresh)** があります．キャパシタに蓄えられた電荷は徐々に漏れていってしまうので，時々回復してやる必要があります．この操作をリフレッシュといいます．リフレッシュを行うには，ロウを読み出して書き戻せば OK です．リフレッシュは，ロウを単位に行われるので，問題になるほど長い時間がかかるものではありません．

11.3 ROM

11.1 節で述べたように，本当に書き換えが行えないような ROM は少なくなりました．したがって，読み出しに比べて書き込みに時間がかかるのが ROM と考えることができます．

速度も容量もなかなかだけど揮発性である DRAM に対しては，不揮発性こそが ROM の優位点になります．しかし，11.2 節でも述べたように，不揮発性の RAM が登場し，不揮発性は ROM の「専売特許」ではなくなりつつあります．そのため，「書き込みが遅いけど不揮発」というのでは，「書き込みも速くて不揮発」な不揮発性 RAM にいずれ負けてしまいます．したがって，不揮発性に加えて，大容量・低コストが今後の ROM の最大の「売り」になると考えられます．

11.3.1 ROM の分類

ROM は（古典的には）以下のように分類されます：

- **マスク ROM**　工場で，その値が書き込まれた ROM として製造されます．書き換えは一切行えません．

- **PROM**　Programmable ROM．工場出荷後に，1 回だけ書き込みが行える ROM です．この書き込みのことを，**プログラム** (program) といいます．プログラムには，しばしば**アンチ・ヒューズ** (anti-fuse) という素子を用います．過電流を流すと，焼き切れるのが通常のヒューズ，「焼きつながる」のがアンチ・ヒューズです．狙ったセルを「焼きつなげる」ことによって，プログラムを行います．「焼きつながる」ので，プログラム後は書き換えることはできません．

    後述する EPROM と区別するために，**OTPROM** (One-Time PROM) と呼ばれることがあります．

- **EPROM**　Erasable PROM．紫外線の照射などによっていったんすべての内容を消去 (erase) した後に，再プログラムができる PROM です．チップに紫外線をあてるため，パッケージにはガラスの窓が開いています．

- **EEPROM**　Electrically Erasable PROM．EPROM のうち，紫外線ではなく，電気的に消去ができるものを EEPROM といいます．消去，プログラムには高電圧が必要であるため，パッケージを機器から抜いて，専用の ROM

ライタ (writer) に挿す必要がありました.

- **フラッシュEEPROM**　EEPROM のうち，ブロックに対する一括消去——**フラッシュ** (flash) を行うものを，特にフラッシュEEPROM，あるいは，**フラッシュ・メモリ** (flash memory) といいます.

フラッシュ・メモリの普及と前後して，消去・プログラムに必要な高電圧をチップ内部で発生できる製品が出現し，パッケージを機器に内蔵したまま，消去・プログラムができるようになりました.

11.3.2　フラッシュ・メモリ

2000 年ごろからの爆発的な普及によって，フラッシュ・メモリは半導体産業全体の中でも重要な地位を占めるに至りました．その分，それ以外の ROM の重要性は低下しています．そのため，以下ではフラッシュ・メモリについて説明します．

▌フラッシュ・メモリ・セル▌

フラッシュ・メモリのセルは，図 11.4 に示すような n-MOS ゲートに類似の構造を持ちます．**制御ゲート** (control gate) と基板の間に，**フローティング・ゲート** (floating gate) と呼ぶ電極を持ちます．

フローティング・ゲートは，その名の通り，そのほかの部分とは直流的に遮断されています．ここに電子を注入することによって，1 bit を記憶するのです．「フローティング」であるので，電子の注入，消去は，電極間に，電源

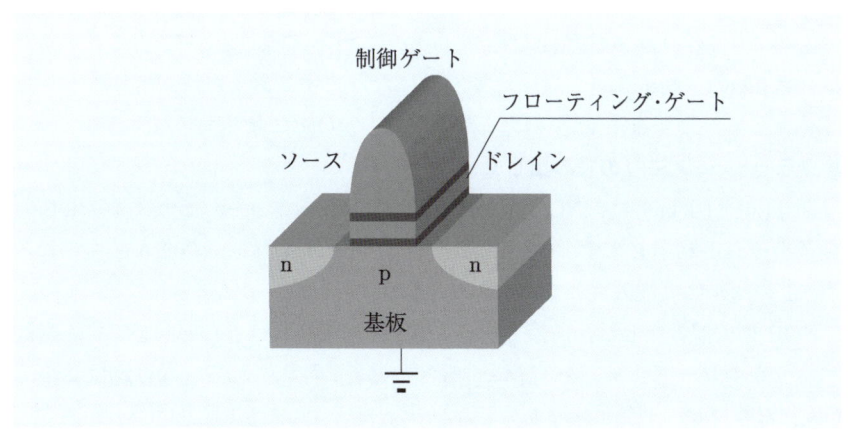

図 11.4　フラッシュ・メモリ・セルの構造

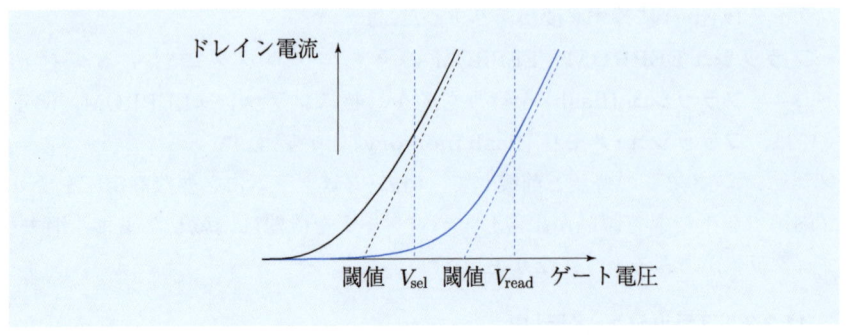

図 11.5 ゲート電圧-ドレイン電流特性

電圧より高い電圧（20 V 程度）を印加することにより行われます．逆にいうと，注入された電子は，高い電圧を印加されないと逃げ出すことができません．そのため，不揮発性が得られるのです．

図 11.5 に，ゲート電圧-ドレイン電流特性を示します．電子を注入すると，グラフは右に移動します．電子が注入されていると，その電荷の分だけチャネルにかかる電界が打ち消されてしまいます．そのため，より大きなゲート電圧をかけないとトランジスタは ON になりません．

ゲート電圧を，図中 V_{sel} と示した値にすると，電子が注入されているかどうかによってドレイン電流が大きく異なることが分かります．この電流の差によって，電子が注入されているかどうかを判断することができます．

このことは，「固さ」が変わるスイッチにたとえることができます．通常は，V_{sel} の力（制御ゲート電圧）で ON になります．電子が注入されると「固く」なって，より強い V_{read} の力を加えないと，ON になりません．

■ フラッシュ・メモリの読み出し ■

図 11.6 と図 11.7 に，NOR 型と NAND 型フラッシュ・メモリの読み出しの様子をそれぞれ示します．各図において，0 のセルには電子が注入されておらず，1 のセルには注入されているものとします．

NOR 型の読み出しは，前節で述べた RAM の場合とほとんど同じです．選択するセルのワードラインを V_{sel} にすると，電子が注入されていなければセルは ON になり，ビットラインは L にディスチャージされます（図 11.6 (a)）．注入されていればセルは ON にならず，ビットラインは H に保たれます（図 11.6 (b)）．

11.3 ROM

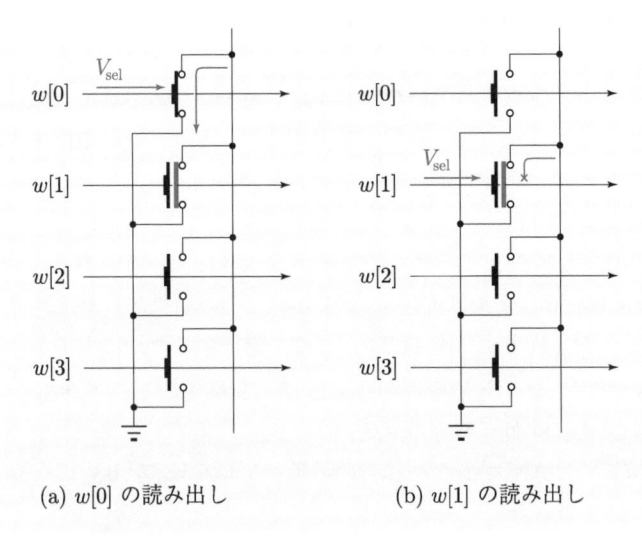

(a) $w[0]$ の読み出し   (b) $w[1]$ の読み出し

図 11.6 NOR 型フラッシュ・メモリの読み出し

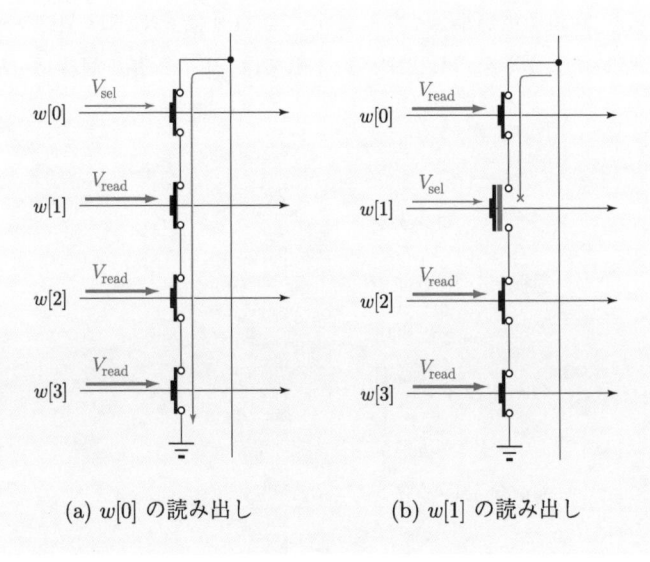

(a) $w[0]$ の読み出し   (b) $w[1]$ の読み出し

図 11.7 NAND 型フラッシュ・メモリの読み出し

NAND 型は，NOR 型と相補的になっていて，16 個程度のセルを直列に接続します．選択するセル**以外**のワードラインの電位を，図 11.5 に示した V_read にします．すると，選択されて**いない**セルは，電子が注入されていてもいなくても ON になります．そこで，選択するセルのワードラインの電位を V_sel とすると，そのセルに電子が注入されているかいないかによってビットラインの電位が変わります．

図 11.7 (a) では，選択するセルに電子が注入されていないので，ワードラインの電位が V_sel でもセルは ON になります．その結果，ビットラインはLにディスチャージされます．図 11.7 (b) では，選択するセルに電子が注入されているので，ワードラインの電位が V_sel ではセルは ON になりません．その結果，ビットラインは H に保たれます．

なお，実際の NAND 型フラッシュ・メモリでは，V_sel が 0 V になるように調整されています．

■ NOR 型と NAND 型のすみ分け ■

回路図をみると想像できるかと思いますが，NAND 型のほうが回路が簡単で，その分，回路面積が小さくなります．図 11.8 に，NAND 型フラッシュ・メモリの回路レイアウトを示します．11.1 節では，セル面積の目標は $4F^2$ と述べ

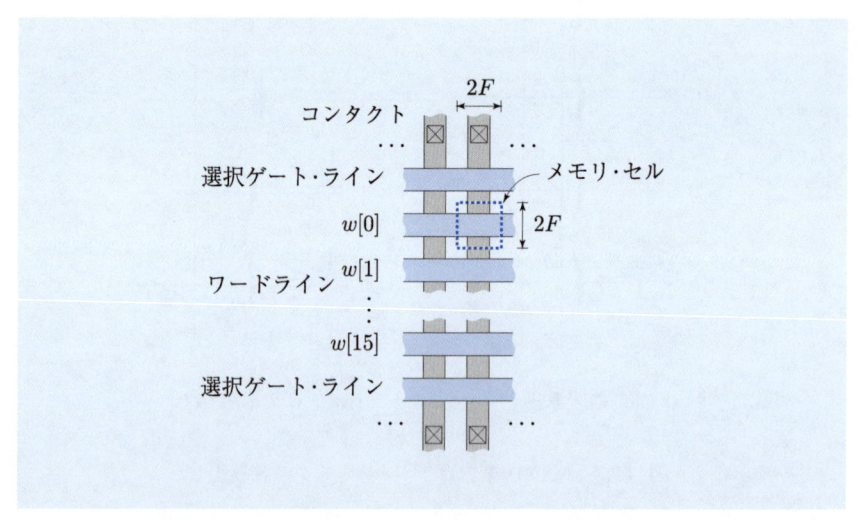

図 11.8　NAND 型フラッシュ・メモリの回路レイアウト

ましたが，NAND 型フラッシュでは実際に $4F^2$ に近いセル面積を実現しています．

その一方で，NAND 型は，セルが直列に接続されているためドライブ能力が低く，読み出しに時間がかかります．NAND 型と NOR 型の読み出し時間の差は，最大 100 倍にもなります．読み出し時間だけでいえば，NOR 型フラッシュは DRAM に匹敵します．

そこで，USB メモリやメモリ・カードなど大容量が要求される分野には NAND 型が，組み込みシステムのプログラム・メモリなど，ある程度高速性が要求される分野には NOR 型が用いられています．

■多値化■

最近では，フラッシュ・メモリの多値化が進んでいます．1 セル当たり 4 値，すなわち，2 bit を記録することができれば，単位面積当たりの容量を一気に 2 倍にすることができます．

5.1 節で述べたように，ロジックの基本は ON/OFF スイッチなので，二値が普通です．そのため，ロジックの多値化はあまり成功例がありません．しかし，本節で述べたメモリや，伝送の多値化は魅力的なテーマであり，繰り返し挑戦されています．最近では，半導体製造プロセスの微細化にも限界がみえ始めています．したがって，このような微細化に頼らない大容量化技術の最大の好機といえるかもしれません．

11 章の問題

☐ **1** 本章で述べたような半導体メモリの最小加工寸法は，リソグラフィに用いる光の波長によって決まる．また，CD や DVD などの光ディスクの記録マークの大きさも，記録/再生に用いる光の波長で決まる．このことを念頭に，半導体メモリと光ディスクの優劣について考察せよ．

☐ **2** WWW などを用いて，MRAM，PRAM，RRAM，OUM など，次世代のメモリの研究/開発状況について調査し，どれが「本命」であるか予想せよ．

おわりに

■ 情報分野の製品の複雑さ ■

　ほかの工業製品とくらべた場合の情報システムの特徴には，その複雑さが挙げられます．たとえば，自動車は身の周りにある最も大きな機械の1つですが，その部品点数は数千〜数万点程度といわれています．それに対して，ソフトウェアの「部品」をプログラムの各行だとすると，その数はちょっとしたものでもすぐに百万を超えてしまいます．1つの LSI チップに集積されるトランジスタの数に至っては十億を超えています．特にソフトウェアは，人類史上最も複雑な創造物であるといわれています．

　情報システムのこの桁違いの複雑さはどこからくるのでしょうか？　筆者は，そのルーツはディジタル回路にあると考えています．

■ ディジタル回路と複雑さ ■

　自動車の場合，汎用的に使える部品はボルトとナットくらいです．それ以外の部品については，周りの部品との関係を考えて，ひとつひとつを専用に設計しなければなりません．全体の機能を実現するために個々の部品を緻密に設計することこそが，自動車の設計であるということもできるでしょう．

　一方ディジタル回路設計では，基本的には，その「部品」であるトランジスタのひとつひとつを緻密に設計する必要はありません．

　2.5 節で述べたように，論理回路は完全性を持っているので，まだ誰もみたことのないような論理ゲートを新たに設計する必要はありません．5.4 節で述べたように，CMOS の場合には，p-MOS と n-MOS，たった2種のスイッチのみでできています．

　その上，CMOS をはじめとする論理ゲートは，ほとんど何の制約もなく自由につなげることができます．たとえば，「ほかのゲートとのつなぎ方によっては AND ゲートが AND ゲートとして働かない」などということはありません．

自動車の設計では，部品の設計と部品の組み合わせを分けて考えることはないでしょう．一方ディジタル回路では，「部品」自体の設計と「部品」の組み合わせ方が2階層にきれいに分離されています．ディジタル回路設計といえば後者が中心になります．

ディジタル回路設計は，レゴのようなブロックに似ています．各「部品」が正しく動くことは保証されているので，ディジタル回路の設計者は「部品」を自由に組み合わせることができます．そのため，時間と根気と「部品」の数が許す限り，いくらでも複雑な回路を設計することができるのです．このような設計の自由度によって，ディジタル回路に複雑さの**インフレーション**（inflation，爆発的な増加）がもたらされるのです．

ディジタル回路からコンピュータ，そして，ソフトウェアへ

情報システムにおける複雑さの第2のインフレーションは，ディジタル・コンピュータによってもたらされます．1章でも述べたように，ディジタル・コンピュータによってはじめて情報システムにソフトウェアの概念が導入されます．

ソフトウェアにおける「部品」に対する考え方も，ディジタル回路の場合と相似です．ソフトウェア——プログラムは，コンピュータに対する命令の並びです．そして，「周りの命令との並び順によっては，加算命令が加算命令として働かない」などということはありません．やはり，個々の命令が正しく働くことは保証されているので，ソフトウェアの開発者は命令を自由に並べることができます．そのため，時間と根気と「部品」の数の許す限り，いくらでも複雑なプログラムを書くことができるのです．

設計すべき対象としての情報システムの最大の魅力は，作ろうと思えば何だって作れるというこの設計の自由度にあると思います．本書でディジタル回路を学んだ皆さんには，コンピュータ・アーキテクチャ，そしてソフトウェアへと勉強を進め，ぜひ情報システムの各階層を貫く設計の魅力というものを感じていただきたいと思います．

参考文献

[1] Zvi Kohavi, Switching and Finite Automata Theory, McGraw-Hill Education, 1979.
[2] 斉藤忠夫, ディジタル回路, コロナ社, 1982.
[3] 富田眞治, 中島浩, コンピュータハードウェア, 昭晃堂, 1995.
[4] H. B. Bakoglu, VLSIシステム設計—— 回路と実装の基礎, 丸善, 1995.
[5] 髙木直史, 論理回路, 昭晃堂, 1997.
[6] 作井康司, Silicon Movie時代に向けた大容量NANDフラッシュメモリ技術, FEDジャーナル, Vol. 11, No. 3, 2000.
[7] David Harris, Skew-Tolerant Circuit Design, Morgan Kaufmann Publishers, 2001.
[8] 坂井修一, 論理回路入門, 培風館, 2003.

索　引

ア　行

アービタ　92
アービトレーション　92
アウトプット
　　——イネーブル　91
アサート　113
アダー　176
アップ・カウンタ　153
アドレス　150, 192
アナログ　2
　　——回路　2
アンダフロー　171
アンチ・ヒューズ　198
安定状態　121
閾値（いちき）　4
一時的　157
一の補数　166
移動度　77
イネーブル　92
　　アウトプット——　91
　　ゲート——　103
　　ラッチ——　125
インバータ　82
ウェハ　191
永続的　157
エッジ
　　——トリガ　127
　　　　ネガティブ——　129
　　　　ポジティブ——　129
　　ネガティブ——　127
　　フォーリング——　127
　　ポジティブ——　127
　　ライジング——　127
エッチング　78
エンキュー　157
エンコーダ　115
　　プライオリティ（優先順位付き）——　115
演算
　　算術——　14

論理——　183
エンド・アラウンド・キャリー　172
エンプティ　159
オーバフロー　169
オープン
　　——コレクタ　93
　　——ドレイン　93

カ　行

回路
　　——記号　8
　　——図　8
　　　　——記号　8
　　——面積　11
　　組み合わせ——　33, 53
　　集積——　iv
　　順序——　33, 53
　　ディジタル——　iv
　　電子——　vi
カウンタ　153
　　アップ——　153
　　アップ/ダウン——　153
　　ダウン——　153
加算器　176
カスケード接続　114
カバー　43
加法正規形　38
カラム
　　——アドレス　192
　　——セレクタ　192
カルノー図　45
完全
　　——集合　28, 111
　　——性　28, 111
完全指定論理関数　49
貫通電流　83
完備
　　——集合　28
　　——性　28

木　101, 182
偽　8
記憶素子　57, 121
記号論理学　8
奇数パリティ　23
機能表　104
揮発性　190
基板　78
キャリア　77
キャリー　169, 176
　　——ルックアヘッド
　　　　——アダー　178
　　　　——ジェネレータ　178
キュー　157
九の補数　166
競合　152
偶数パリティ　23
組み合わせ回路　33, 53
グリッチ　132
クリティカル・パス　132
グレイ符号　45, 101
クロス・ポイント　191
クロッキング方式　131
クロック　124
　　——ゲーティング　149
　　——スキュー　135
クワイン-マクラスキー法　50
計算機アーキテクチャ　vi
ゲーティング　103
ゲート
　　——アレイ　88
　　——イネーブル　103
　　——絶縁膜　78
　　——長　78
　　——電極　78
　　——幅　199
　　制御——　199
　　フローティング——　103
桁

索　引

　　　――上げ → キャリー
　　　　　　――先見加算器　178
　　　　　　――伝搬加算器　177
　　　――あふれ　169
　　　――借り　168
　　　――下がり　168
結合則　17, 20
結晶成長　78
元　16
言語　59
　　　――理論　59
現状態　56
語　150
　　　――構成　150
交換則　17, 20
コンピュータ
　　　――アーキテクチャ　vi
　　　――ディジタル――　6

サ　行

サイクル　124
最小加工寸法　191
最小項　37
　　　――表現　38
　　　――リスト　40
最大項　37
　　　――表現　38
　　　――リスト　41
削除　157
算術
　　　――演算　14
　　　――シフト　175
三状態　91
サンプリング　127
閾値　4, 83
識別
　　　――可能　60
　　　　　k――　60
　　　――系列　60
次状態　56
　　　――関数　56
シフタ　186
　　　バレル――　109
シフト　173
　　　算術――　175
　　　――量　173
　　　――レジスタ　154

循環――　186
ローテート――　175
論理――　175
周期　124
集積回路　iv
　　大規模――　iv
十の補数　166
周波数　124
主項　43
　　　必須――　48
出力　25
　　　――関数　56
循環
　　　――キャリー　172
　　　――シフト　175
順序回路　33, 53, 55
　　　同期式――　124
　　　非同期式――　124, 144
状態　55
　　　現――　56
　　　次――　56
　　　――遷移　55
　　　　　　――図　55
　　　　　　――表　55
　　　――割り当て　58, 63
　　　――機械　56
　　　初期――　55
衝突　93
消費（者）　158
乗法正規形　38
ショート　74
ショート・パス　132
初期化　141
初期状態　55
シリアル
　　　――アウト　154
　　　――イン　154
　　　――伝送　156
シリコン　76
真　8
真偽値　8
信号　8
　　　――線　8
シンボル　8, 106
真理値　8
　　　――表　25
スイッチ　68
　　　トグル――　130

ネットワーク――　109
リセット――　141
スイッチング　82
　　　――理論　vi
数理論理学　8
図記号　8
スキュー　134, 156
　　　クロック――　135
スタック　157
　　　――トップ　157
　　　――ボトム　157
スタティック・ロジック　95
スタンダード・セル　88
ステート・マシン　56
スリーステート　91
　　　――バッファ　91
正
　　　――の数　166
　　　――論理　113
正規
　　　――言語　59
　　　――表現　59
正規形
　　　加法――　38
　　　乗法――　38
制御
　　　――ゲート　199
　　　――線　103
正孔　77
生産（者）　158
整流　77
積項　37
積和標準形　38
絶縁体　76
接合　77
セットアップ・タイム　133
セル
　　　――アレイ　192
　　　メモリ――　191
セレクタ　104
全加算器　176
センス・アンプ　195
先頭　157
双対性　18
挿入　157
相補的　74, 81
ソース電極　78

索　引

タ 行

ダイオード　77
大規模集積回路　iv
ダイナミック（プリチャージ）
　ロジック　95
タイミング・チャート　124
タイム
　　セットアップ—　133
　　—ボローイング　135
　　ホールド—　133
ダウン・カウンタ　153
単位元　16
遅延　10, 84, 110
　　—時間　10
　　—clock-to-data　134
　　—data-to-data　134
逐次的　110, 182
チャタリング　139
チャネル　79, 79
超立方体　44
直列　68
ツリー　→トゥリー
ディアサート　113
ディジタル　iv, 2
　　—回路　iv, 2
　　　—設計　vi
　　　—コンピュータ　vi, 6
データ
　　—構造　157
　　—線　103
デキュー　157
デク　157
デコーダ　112
デファクト・スタンダード
　9, 100
電界効果トランジスタ　79
電気抵抗率　76
電子回路　vi
伝搬遅延時間　10
等価　60
　k— 60
同期
　　—化　139
　　—式順序回路　124
　　—リセット　141
導体　76
等値　23

トゥリー　101, 106, 182
ドーピング　76
トーラス　46
トグル　130
　　—スイッチ　130
ドミノ・ロジック　95
ド・モルガンの法則　19
ドライブ　69
トランジスタ　77
トランスファ・ゲート　90
トランスペアレント　126
　　—ラッチ　126
トランスミッション・ゲート
　90
ドレイン電極　78

ナ 行

二進符号　46, 101
二線式　97
二の補数　166
入出力特性　83
入力　25
ネガティブ
　　—エッジ　127
　　—トリガ　129

ハ 行

ハードウェア
　　—アルゴリズム　182
　　—記述言語　101, 172
ハーフ・アダー　176
ハイ・インピーダンス　91
配線　8
媒体　2
排他的
　　—否定論理和　23
　　—論理和　23
バイナリ
　　—エンコーダ　115
　　—カウンタ　153
　　—デコーダ　112
ハイパキューブ　44
バイポーラ・トランジスタ　93
破壊読み出し　196

波形　124
ハザード　132
バス　91, 101
　　—ドライバ　91
　　—バッファ　91
パス (path)
　クリティカル—　132
　ショート—　132
パス (pass) ゲート　90
発振　120
バッファ　20, 158
ハフマン符号　102
ハミング距離　44
ばらつき　138
パラレル
　　—アウト　154
　　—イン　154
　　—シリアル変換　155
　　—伝送　156
　　—ロード　154
パリティ　23
パルス　122
バレル・シフタ　109
パワー・オン・リセット　141
半加算器　176
半導体　iv, 76
バンドル　92, 101
比較器
　　—一致—　163
左シフト　154
必須主項　48
ビット
　　—ごとの論理演算
　　　183
ビットライン　192
否定
　　—論理積　21
　　—論理和　21
非同期
　　—式順序回路　124, 144
　　—リセット　141
被覆　43
評価期間　95
標準形　37
標準ロジックIC　100
ピンチ・オフ　80
負

索 引

———の数　166
———のパルス　123
———論理　113
ファンアウト　84
ファンイン　181
ブール
　———代数　16
　———微分　31, 110
　———変数　17
フォーリング・エッジ　127
負荷　82
不完全指定論理関数　49
不揮発性　190
複合ゲート　88
符号　101
　グレイ———　45, 101
　二進———　46
　ハフマン———　102
符号（正負の）　166
　———拡張　174
　———付き　166
　———なし　166
　———ビット　168
プッシュ　157
浮動小数点数　171
歩留まり　191
部分和　176
プライオリティ・エンコーダ　115
フラグ　160
フラッシュ　199
　———メモリ　199
プリチャージ　95
　———期間　95
フリップ・フロップ　→FF
フル　158
フル・アダー　176
プルアップ　92
フル・カスタム　88
プルダウン　92
フローティング　91
　———ゲート　199
プログラム　198
プロセッサ　183
分配則　17
並列　68, 110
ベン図　19
包含的論理和　23

放電　96
ホールド　154
　———タイム　133
補元　16, 166
ポジティブ
　———エッジ　127, 129
　———トリガ　129
ホップ　44
ポップ　157
ボロー　168

マ 行

マシン
　ミーリー———　57
　ムーア———　57
マスク　183
マスクROM　198
マスタースレーブ　127
マッチ・ライン　163
末尾　157
マルチプレクサ　104
ミーリー・マシン　57
右シフト　154
ムーア・マシン　57
メタステーブル　140
メディア　2
メモリ　190
　フラッシュ———　199
　———セル　199

ヤ 行

有限
　———オートマトン　59
　———理論　vi
　———状態機械　56
優先順位付きエンコーダ　115
要素　16

ラ 行

ライジング・エッジ　127
ライト
　———イネーブル　148
　———ポインタ　159
　———ポート　150

ライン
　マッチ———　163
　———エンコーダ　115
　———デコーダ　112
ラッチ　126
　トランスペアレント———　126
　———イネーブル　125
　D———　126
　SR———　121
ラップアラウンド　159
ランダム・アクセス　157
リーク電流　83
リード
　———ポインタ　159
　———ポート　150
リセット
　同期———　141
　パワー・オン———　141
　非同期———　141
　———スイッチ　141
リソグラフィ　78
リッパ　106
リテラル　37
リプル・キャリー・アダー　177
リフレッシュ　197
量子化　5
　———誤差　5
リレー　70
理論
　言語———　59
　スイッチング———　vi
　有限オートマトン———　vi
リング
　———カウンタ　153, 154
　———発振器　123
　———バッファ　159
ループ　120
ルックアップテーブル　26
零元　16
レジスタ　148
　———ファイル　150
レベル・センシティブ　127
ロウ
　———アドレス　192
　———デコーダ　192
ローテート・シフト　175
ロード　153

索　引

ロジック　57, 68, 190
　スタティック——　95
　ダイナミック
　　（プリチャージ）——
　　95
　ドミノ——　95
論理
　正——　113
　負——　113
　——演算　9, 183
　——演算子　14
　——回路　vi
　　——図　8
　——関数　25
　——ゲート　8
　——式　14
　——シフト　175
　——積　9
　——値　8
　——否定　9
　——変数　2
　——和　9

ワ　行

ワード　150
ワードライン　192
和項　37
和積標準形　38
ワン・ホット符号　101

数字・欧字

active-low　113
adder　176
address　192
ALU　183
analog　2
　——circuit　2
AND　9
anti-fuse　198
arbitor　92
arbitration　92
arithmetic
　——logic unit　183
　——operation　14
　——shift　175
assert　113

asynchronous
　——reset　141
　——sequential circuit
　　144
A/D converter（変換器）　7
barrel shifter　109
BCD　101
binary
　——code　46, 101
　——counter　153
　——decoder　112
　——encoder　115
bit
　——wise logical
　　operation　183
bitline　192
Bool, G.　16
Boolean
　——algebra　16
　——difference　31
　——variable　18
borrow　168
BUF　21
buffer　20, 158
bundle　101
bus　91, 101
　——buffer　91
　——driver　91
CAM　163
canonical
　——form　37
　——product-of-sums form
　　38
　——sum-of-products form
　　38
carrier　77
carry　169
　——look-ahead
　　——adder　178
　　——generator　178
CAS　197
cascade connection　114
cell
　——array　192
　——memory——　191
channel　79
chattering　139
circuit

——area　11
——diagram　8
combinational——　33,
　53
digital——　iv
electronic——　vi
integrated——　iv
sequential——　33
clock　124
　——gating　149
clocking scheme　131
clock-to-data delay（遅延）
　134
CMOS　68, 78
code　101
　binary——　46
　Gray——　45, 101
　Huffman——　102
column
　——address　192
　——selector　192
combinational circuit　33,
　53
comparator
　equal-to——　163
complement　16, 166
complementary　74, 81
completely specified logic
　function　49
completeness　28
complete set　28
complex gate　88
computer
　——architecture　vi
　digital——　6
conductor　76
conflict　152
conjunctive normal form　38
consumer　158
contention　93
control
　——gate　199
　——line　103
counter　153
　down——　153
　up——　153
　up/down——　153
cover　43

213

索　引

critical path　132
cross point　191
crystal growth　78
current state　56
cycle　124
D
　　——FF（flip-flop,
　　　フリップ・フロップ）
　　　57, 129
　　——latch（ラッチ）　126
data
　　——line　103
　　——structure　157
data-to-data delay（遅延）　134
DDL　68
deassert　113
decoder　112
delay　10, 84
　　clock-to-data——　134
　　data-to-data——　134
　　——time　10
delection　157
deque　157
dequeue　157
destructive read　196
de facto standard　9, 100
De Morgan's law　19
digital　iv, 2
　　——circuit　iv, 2
　　——computer　vi, 6
　　——design　vi
diode　77
discharge　96
disjunctive normal form　38
distinguishable　60
　　k——　60
distinguishing sequence　60
domino logic　95
don't care　49
doping　76
down counter　153
drain electrode　78
DRAM　192
drive　69
duality　18
dynamic (precharged) logic　95
D/A converter（変換器）　7
ECL　68, 83

edge
　　——triggered　127
　　falling——　127
　　negative——　127
　　positive——　127
　　rising——　127
EEPROM　198
electrical resistivity　76
electronic circuit　vi
element　16
empty　159
enable　92
　　gate——　103
　　latch——　127
encoder　115
　　priority——　115
end-around carry　172
enqueue　157
EPROM　198
EQUIV　23
equivalence　23
　　k——　60
equivalent　60
essential prime implicant　48
etching　78
evaluation period　95
even parity　23
falling edge　127
false　8
fan-in　181
fan-out　84
feature size　191
FeRAM　192
FET　79
FF　121, 127
　　D——　129
　　JK——　130
　　SR——　130
　　T——　130
field effect transistor　79
FIFO　158
finite
　　——automata
　　——theory　vi
　　——automaton　59
　　——state machine　56
flag　160
flash　199

——memory　199
flip-flop → FF
floating　91
　　——gate　199
floating-point number　171
frequency　124
full　158
full adder　176
full custom　88
function table　104
F.O.4　84
gate
　　control——　199
　　floating——　199
　　——array　88
　　——electrode　78
　　——enable　103
　　——insulator　78
　　——length　78
　　——width　78
　　logic——　8
gating　103
glitch　132
Gray code　101
GTL　68
half adder　176
Hamming distance　44
hardware
　　——algorithm　182
　　——description language
　　　101
hazard　132
HDL　101, 172
high-impedance　91
hold　154
　　——time　134
hole　77
hop　44
HSTL　68
hypercube　44
IC　iv
inclusive logical sum　23
incompletely specified logic
　function　49
initialization　141
initial state　55
input　25
input-output

214 索引

characteristics 83
insertion 157
insulator 76
integrated circuit iv
inverter 82
JK-FF 130
junction 77
Karnaugh map 45
keeper 97
language 59
　——theory 59
large-scale integration iv
latch 126
　D—— 126
　——enable 121
　transparent—— 121
　SR—— 121
leakage current 83
level-sensitive 127
LIFO 158
line
　——decoder 112
　——encoder 115
　match—— 163
literal 37
lithography 78
load 82
logic 57, 68, 190
　domino—— 95
　dynamic(pre-
　　charaged)—— 95
　——circuit iv
　　——diagram 8
　——function 25
　——gate 8
　static—— 95
logical
　——expression 14
　——negation 9
　——operation 9, 183
　——operator 14
　——product 9
　——shift 175
　——sum 9
　——value 8
　——variable 14
look-up table 26
loop 120

LSI iv
machine
　Mealy—— 57
　Moore—— 57
mask 183
master–slave 127
match-line 163
mathematical logic 8
maxterm 37
　——expression 38
　——list 41
Mealy machine 57
media 2
medium 2
memory 190
　flash—— 199
　——cell 191
　——element 57, 121
meta-stable 140
MIL symbol (記号) 9
minterm 37
　——expression 38
　——list 40
mobility 77
Moore machine 57
MOS 78
MRAM 192
multiplexer 104
MUX 104
n
　——MOS 78
　——channel (チャネル)
　　79
　——type (型) 76
NAND 21
negative
　——edge 127
　——logic 113
　——number 166
　——pulse 123
next-state 56
　——function 56
nine's complement 166
non-volatile 190
NOR 21
normally-low 113
normal form
　conjunctive—— 38

disjunctive—— 38
NOT 9
odd parity 23
OFF-set 41
one's complement 166
one-hot code 101
ON-set 40
open
　——collector 93
　——drain 93
operation
　arithmetic—— 14
　logical—— 183
OR 9
oscillation 120
OTPROM 198
output 25
　——function 56
overflow 169
p
　——MOS 78
　——channel (チャネル)
　　79
　——type (型) 76
parallel 68, 110
　——in 154
　——load 154
　——out 154
　——serial conversion 155
　——transmission 156
parity 23
partial sum 176
pass gate 90
path
　critical—— 132
　short—— 132
persistent 157
pinch-off 80
point-to-point 92
pop 157
positive
　——edge 127
　——logic 113
　——number 166
power-on reset 141
precharge 95
　——period 95
prime implicant 43

索　引

essential —— 48
priority encoder　115
processor　183
producer　158
product term　37
program　198
PROM　198
　　E—— 198
　　　E—— 198
　　OT—— 198
propagation delay time　10
pull-down　92
pull-up　92
pulse　122
push　157
quantization　5
　　—— error　5
queue　157
Quine-McCluskey method（法）　50
RAM　190, 192
RAS　197
read
　　—— pointer　159
　　—— port　150
rectification　77
refresh　197
register　148
　　—— file　150
regular
　　—— expression　59
　　—— language　59
relay　70
reset
　　asynchronous —— 141
　　power-on —— 141
　　—— switch　141
　　synchronous —— 141
ring
　　—— buffer　134
　　—— counter　124, 127
　　—— oscillator　123
ripper　106
ripple-carry adder　177
rising edge　127
ROM　190
　　mask（マスク）—— 198
　　P—— 198

rotate shift　175
row
　　—— address　192
　　—— decoder　192
sampling　127
selector　104
semiconductor　iv, 76
sense amplifier　195
sequential
　　—— ly　110, 182
　　—— circuit　33, 53, 55
　　　asynchronous ——
　　　　124, 144
　　　synchronous ——
　　　　124
serial
　　—— in　154
　　—— out　154
　　—— transmission　156
series　68
set-up time　133
sfhifter　186
shift　173
　　arithmetic —— 175
　　logical —— 175
　　—— amount　173
　　—— left　154
　　—— register　154
　　—— right　154
shifter
　　barrel —— 109
short　74
short path　132
sign　166
　　—— ed　166
　　un —— 166
　　—— bit　168
　　—— extension　174
signal　8
　　—— line　8
silicon　76
skew　134
source electrode　78
SR
　　—— FF　130
　　—— latch（ラッチ）　121
SRAM　192
SSTL　68

stable state　121
stack　157
standard
　　—— cell　88
　　—— logic IC　100
state　55
　　current —— 56
　　initial —— 55
　　next —— 56
　　—— assignment　58, 63
　　—— diagram　55
　　—— machine　56
　　—— transition　55
　　　　—— diagram　55
　　　　—— table　56
static logic　95
substrate　78
sum term　37
switch　68
　　network —— 109
　　reset —— 141
　　toggle —— 130
switching　82
　　—— theory　vi
symbol　8
symbolic logic　8
synchronization　139
synchronous
　　—— reset　141
$S'R'$-latch（ラッチ）　123
tail　157
temporary　157
ten's complement　166
Texas Instruments　100
theory
　　finite automata ——　vi
　　language —— 59
　　switching ——　vi
threshold　4, 83
through current　83
time
　　hold —— 134
　　set-up —— 133
　　—— borrowing　135
timing chart　124
toggle　130
　　—— switch　130
top　157

索　引

torus　46
transfer gate　90
transistor　77
transmission gate　90
transparent　126
　——latch　126
tree　101, 182
true　8
truth
　——table　25
　——value　8
three-state　91
　——buffer　91
TTL　68, 83
two's complement　166
two-rail　97
T-FF　130
underflow　171
unit element　16
unsigned　166

up counter　153
up/down counter　153
variation　138
Venn diagram　19
Verilog HDL　101
VHDL　101
volatile　190
wafer　191
wave form　124
wire　8
wired-OR　94
word　150
　——configuration　150
wordline　192
wrap-around　159
write
　——enable　148
　——pointer　159
　——port　150
XNOR　23

XOR　23
yield rate　191
zero element　16
ϕ　49
0　8
1　8
1's complement（1の補数）
　166
10's complement（10の補数）
　166
2's complement（2の補数）
　166
2-to-1 selector（セレクタ）
　104
2-to-4 decoder（デコーダ）
　112
6T-cell（セル）　193
74 series（シリーズ）　100
9's complement（9の補数）
　166

著者略歴

五島 正裕(ごしま まさひろ)
1992 年　京都大学工学部情報工学科卒業
1994 年　京都大学大学院工学研究科情報工学専攻修士課程修了
1994 年　日本学術振興会特別研究員
1996 年　京都大学大学院工学研究科情報工学専攻博士後期課程退学,
　　　　京都大学大学院工学研究科助手
1998 年　京都大学大学院情報学研究科助手
2005 年　東京大学大学院情報理工学系研究科准教授
現　在　国立情報学研究所教授　博士（情報学）

新・情報/通信システム工学 = TKC-1
ディジタル回路

2007 年 12 月 25 日 ⓒ　　　　　初　版　発　行
2021 年 10 月 10 日　　　　　　初版第 9 刷発行

著者　五島正裕　　　　発行者　矢沢和俊
　　　　　　　　　　　印刷者　小宮山恒敏
　　　　　　　　　　　製本者　小西惠介

【発行】　　　　　　　株式会社　数理工学社
〒151-0051　　東京都渋谷区千駄ヶ谷1丁目3番25号
編集 ☎ (03) 5474-8661（代）　　サイエンスビル

【発売】　　　　　　　株式会社　サイエンス社
〒151-0051　　東京都渋谷区千駄ヶ谷1丁目3番25号
営業 ☎ (03) 5474-8500（代）　　振替00170-7-2387
FAX ☎ (03) 5474-8900

印刷　小宮山印刷工業（株）　　製本　ブックアート

≪検印省略≫

本書の内容を無断で複写複製することは，著作者および
出版者の権利を侵害することがありますので，その場合
にはあらかじめ小社あて許諾をお求め下さい．

サイエンス社・数理工学社の
ホームページのご案内
http://www.saiensu.co.jp
ご意見・ご要望は
suuri@saiensu.co.jp まで．

ISBN978-4-901683-53-1
PRINTED IN JAPAN

━━・━━・━ 新・情報/通信システム工学 ━━・━━・━

ディジタル回路
　　　五島正裕著　２色刷・Ａ５・上製・本体2300円

データ構造とアルゴリズム
　　　五十嵐健夫著　２色刷・Ａ５・上製・本体1600円

ネットワーク工学
インターネットとディジタル技術の基礎
　　　　　江崎　浩著　２色刷・Ａ５・上製・本体2300円

システム工学の基礎
システムのモデル化と制御
　　　　　伊庭斉志著　２色刷・Ａ５・上製・本体1950円

　　＊表示価格は全て税抜きです．
━━・━━・━ 発行・数理工学社／発売・サイエンス社 ━━・━━・━

論理回路
　　一色・熊澤共著　2色刷・A5・上製・本体2000円

論理回路入門
　　菅原一孔著　2色刷・A5・並製・本体1600円

ディジタル電子回路
　　木村誠聡著　2色刷・A5・並製・本体1900円

情報ネットワークの基礎[第2版]
　　田坂修二著　2色刷・A5・上製・本体2500円

ディジタル通信の基礎
　　鈴木　博著　2色刷・A5・上製・本体2400円

電磁波工学の基礎
　　中野義昭著　2色刷・A5・上製・本体2200円

電磁波工学入門
　　高橋応明著　A5・上製・本体2100円

基礎電磁波工学
　　小塚・村野共著　2色刷・A5・並製・本体1900円

＊表示価格は全て税抜きです．

発行・数理工学社／発売・サイエンス社

コンピュータアーキテクチャ入門
城　和貴著　2色刷・Ａ５・本体2200円

コンピュータアーキテクチャの基礎
北村俊明著　2色刷・Ａ５・本体1600円

実践による
コンピュータアーキテクチャ
中條・大島共著　2色刷・Ａ５・並製・本体1900円
発行：数理工学社

論理回路の基礎
南谷　崇著　2色刷・Ａ５・本体2100円

ハードウェア入門
柴山　潔著　Ａ５・本体1400円

新・コンピュータ解体新書［第2版］
清水・菅田共著　Ａ５・本体1650円

計算機システム概論
大堀　淳著　2色刷・Ａ５・本体1950円

＊表示価格は全て税抜きです．

サイエンス社